就这样

减压

青少年压力管理手册

王芳 | 著
尹悦 | 绘

人民卫生出版社
·北京·

图书在版编目（CIP）数据

就这样减压：青少年压力管理手册 / 王芳著 . —
北京：人民卫生出版社，2024.1
ISBN 978-7-117-35665-7

Ⅰ. ①就… Ⅱ. ①王… Ⅲ. ①压抑（心理学）- 青少年
读物 Ⅳ. ①B842.6-49

中国国家版本馆 CIP 数据核字（2023）第 231417 号

人卫智网	www.ipmph.com	医学教育、学术、考试、健康， 购书智慧智能综合服务平台
人卫官网	www.pmph.com	人卫官方资讯发布平台

就这样减压——青少年压力管理手册
Jiu Zheyang Jianya——Qingshaonian Yali GuanLi Shouce

著　　者：王　芳
出版发行：人民卫生出版社（中继线 010-59780011）
地　　址：北京市朝阳区潘家园南里 19 号
邮　　编：100021
E - mail：pmph @ pmph.com
购书热线：010-59787592　010-59787584　010-65264830
印　　刷：北京顶佳世纪印刷有限公司
经　　销：新华书店
开　　本：889×1194　1/32　印张：6.5
字　　数：146 千字
版　　次：2024 年 1 月第 1 版
印　　次：2024 年 1 月第 1 次印刷
标准书号：ISBN 978-7-117-35665-7
定　　价：69.00 元

打击盗版举报电话：010-59787491　E-mail：WQ @ pmph.com
质量问题联系电话：010-59787234　E-mail：zhiliang @ pmph.com
数字融合服务电话：4001118166　E-mail：zengzhi @ pmph.com

尽管父母和老师一直在说"会好起来""会更好"……但是如果感觉不好只是我生活的一部分该怎么办？

——博雅，14 岁

博雅已经受够了。现在的生活中有一半时间，她在担心在朋友面前说了什么愚蠢的话；另外一半时间，她因为学业而倍感压力，今年好像比以往都要更难。在家里，她大部分时间都待在自己的房间中，尽管自己待着让她感觉更糟糕！博雅的父母想要帮助她，老师也想要帮助她，但是无论他们说了多少次"一切都会好起来"，博雅从来没有真正相信过他们。取而代之的是，她生父母和自己的气。"他们不明白，别人可以搞定，但是我不能！我会一直这样！"

对大部分青少年来说，博雅的故事可能听起来很熟悉。初中和高中时期的情绪像龙卷风一样，让你感觉完全失控，压力从各个可能的方向席卷而来。作为接触过成千上万青少年的心理医生以及压力情绪管理专业人士（曾经我也从青少年时期过来），想象我们自己的青少年时期，就知道这有多难。相信一切都会好起来并不容易，当感觉改变真的不可能的时候，大多数人会感到愤怒、悲伤或者焦虑……无论你喜欢还是不喜欢，这就是你生活的一部分。

这本书不会只是苍白地告诉你一切都会好起来，还会告诉你为什么你有力量让一切好起来，会告诉你你能做到什么，会告诉你如何通过每次前进一小步而达成最终的目标。重要的不是你想做什么，而是你能做什么以及怎样做，从现在开始。

对大部分青少年来说，甚至大部分成年人也是如此，并不了解：我们都有能力通过一些简单的方法调节我们的情绪，改变我们的想法，缓解我们的压力，这些方法是我们生活在当今社会的必备技能，这个过程也是我们实现最终目标的必经之路。这种改变的能力来自人类大脑可以重塑的机制，来自以科学为基础的健康知识。人类的大脑是一个超级强劲的可以重塑的机器，青少年的大脑又是人类大脑中最具灵活性和可塑性的，换句话说，现在的你正处于整个人生中最容易做出改变的黄金时段，这是你与生俱来的能力，抓住机会，珍惜时间。"减压"人人都需要，无论你有没有感觉到，压力就在那里。"减压"没有神奇的药丸，但也没有你想得那么难。现在，你的确可以开始做些什么来为自己的人生大厦稳固地基了，这会让你终身受益。

这本书将会教你在科学研究基础上，进一步帮你做到这些：

◎ 了解你自己，了解这个年龄段你的大脑是如何工作的，了解你面对压力的反应，知己知彼。

◎ 如何发展并运用科学、健康、简便、有效的方法技能来更好地调节情绪，改变想法，采取行动，缓解压力。

◎ 如何科学地应对学业压力（学习压力、考试压力）。

◎ 了解其他常见压力问题的应对方法，比如互联网时代需要掌握的压力应对技能，如何应对友谊以及同龄人造成的压力等等。

王芳

2023 年 11 月

鸣 谢

在本书出版之际，我要向所有在这本书的创作以及出版过程中帮助过我的人表达最真挚的感谢。

尤其要感谢李晓老师的鼓励及推荐，让这本书能够成形并有机会出版！

感谢书籍主要面向的青少年读者群体的同龄人尹悦的全情投入，为内容配上惟妙惟肖的插图！

感谢为书中的"故事"提供真实素材的朋友们，让我见证了你们一路走向更好的自己的过程，并通过文字将压力管理带来的力量和美好展现给更多的朋友！

此外，本书也获得了中国中医科学院科技创新工程项目资助，项目编号 CI2021A03114，感谢项目组的支持！

目　录

第三部分

如何科学应对学业压力

（学习压力、考试压力）

第四部分

其他常见压力的应对策略

语音导览

跟随指导语一起练习

第一部分

从了解你自己

开始

了解你的压力
为什么可以缓解

知识包　　　压力是指我们面对变化时的反应，造成这些变化的人、事、物，也被称为压力源。对于学生群体来说最常见的压力来源是学业，比如考试压力、学习压力，另外人际交往（和同龄人交朋友）以及亲子关系等也是常见的压力源。

注意压力不是一种或者一系列疾病的名称，不是病名，不属于异常，而是人类在压力源的刺激下所产生的正常反应。想要在压力面前保持和平常一样的朋友恐怕要失望了，因为我们永远也不可能做到！可以说压力是人人都会有的困扰。

面对压力我们每个人都会产生的压力反应，也叫战或逃或不动反应，这些反应形象地描绘了我们在压力刺激下出现的三种情况。一对抗，比如拼命控制、压抑却发现越对抗越焦虑。二逃跑，比如请假甚至休学。三麻木迟钝，比如大脑一片空白，整天浑浑噩噩。上述三种情况无一例外都不会导致好的结果，而究其原因就在于我们没有认识到压力反应是身体和大脑的一种本能反应，根本控制不了。

但这绝对不是令人绝望的结论，而是提醒我们不要把精力浪费在做不到的事情上。我们首先要改变面对压力的态度，既来之则安之，不排斥、不对抗、不躲避，接纳、观察、了解、调节，所谓知己知彼。要做到这些就让我们一起来揭开压力的层层面纱吧。

遇到压力，我们的第一反应往往是直接对压力源做点儿什么，比如考试压力，就想能不能不参加考试，当然这种想法不切实际，于是压力就更大了。

压力源比如造成压力的事件，它是客观存在的，很多时候我们凭借自身的能力不可能让压力源消失或者减少，所以压力应对更专业的叫法是压力管理而不是减压，本书提及的"减压"均指压力管理。压力管理并不是直接针对压力源工作，不是去除或者改变压力源，而是通过各种方法来提高压力应对能力，也就是弹性，这个弹性包括生理弹性和心理弹性。我们每个人都可以把自己打造成弹簧，在遇到压力时有收缩，有反应，在压力过去后也可以恢复。

可以说科学的压力管理是提高我们"随机应变"的能力，这不仅是通过随机应变提高表现力，比如在大考中稳定发挥甚至超常发挥，更重要的是如何让身体在应对变化后不至于垮掉。

SMART 压力管理

SMART 压力管理全称是压力管理心身增弹训练（stress management and resiliency training program），是哈佛医学院麻省总医院本森 - 亨利心身医学研究所（Benson-Henry institute for mind body medicine，BHI）50 余年在心身医学领域的临床实践以及科学研究成果的体现。SMART 为人们提供了一套切实有效的、针对压力和情绪进行管理的系统干预方法，旨在提高人们的压力应对能力，更好地调节情绪，从而增加心身弹性，保持心身健康。

BHI 由哈佛医学院赫伯特·本森教授创立，SMART 团队的成员中有临床医学专家也有科学家，专业背景涉及心身医学、脑科学、基因科学、心理学等方面。

SMART 以赫伯特·本森教授在心身医学界里程碑式的贡献——Relaxation Response，放松反应为基础，整套内容以教授压力的觉察方法、放松反应训练（RR训练）、认知以及思维方式的调整和生活中的适应性策略等为主。与其他压力管理体系或者方法相比，SMART 更像是一个百宝箱，不拘泥于一种方法，而是以能够诱发放松反应状态为根本，融合了多种方法，具备普适性以及灵活性。可以说每个人都可以从中找到适合自己的调节方法，甚至可以在 SMART 的指导下开发出属于自己的方法。

Resilient School（RS），弹性学校项目是 SMART 压力管理的一个分支，关注压力对青少年群体的生理、情绪认知以及行为影响。针对学校体系涉及的不同群体进行工作，包括学生、老师、家长、管理者等。从学生不同年龄段的心理、生理特点出发，兼顾学生群体压力源的独特性，比如考试压力等进行有针对性的干预，不涉及学生隐私，注重大脑的健康重塑，通过教授实用技术方法帮助学生达到心、身、脑的协调、平衡和统一，从而提高其压力应对能力。

SMART 压力管理特色训练——RR 训练

RR 训练作为 SMART 的核心和特色，不仅包括基础训练、常规技术，还有使用方便的迷你技术。这些迷你技术需要的时间短，练习方便，起效迅速，对练习场所无特殊要求，随时随地都可以练习。时间可以是 1 分钟、3~5 分钟，或者 5~10 分钟。可以充分运用到日常生活的方方面面，比如吵架时情绪激动，学习时注意力不集中、胡思乱想，复习时内心忐忑，在考场上大脑一片空白等等，都可以选择适合自己的迷你技术进行练习，迅速有效地缓解压力，调整焦虑等负面情绪，从而改善事件结果。

基础 RR 训练

呼吸训练是 RR 训练的基础，也是最简单方便，随时随地可以练习和使用的方法。大部分 RR 训练可以配合呼吸训练来完成，也可以用呼吸训练导入 RR 状态后再进行练习，比如腹式呼吸。

常规技术

包括腹式呼吸、放松诱导式 RR 训练、渐进放松式 RR 训练、RR 训练词语专注等。

RR 训练的练习要求

什么时候练

不要在饥饿时或吃过饭后立即练习。其余任何时间都可以。最好自己形成一种规律练习模式，比如固定的练习时间和场所。

在哪儿练

常规技术最好找一个让自己感到安全、安静的地方，迷你技术对场地没有要求。

练多久

理想的练习时间是每次 20~30 分钟，每天 1~2 次。一定要循序渐进，比如开始练习 5 分钟，下一次可能就可以练习 10 分钟，直到做完整套练习。重要的不是练多久，而是让练习成为一种习惯，融入自己的生活中。

可以选择一两种技术，进行规律练习，一定要找时间做。

迷你 RR 技术

使你在遇到压力、感到紧张的时候立刻应对，尽快得到缓解。可随时随地练习，每次 1 分钟，3~5 分钟，或者 5~10 分钟，让迷你 RR 成为你的生活习惯，可以将便笺贴到电脑、冰箱门上作为提醒。

常用的迷你 RR 技术有腹式呼吸、握拳式 RR 训练、加强版握拳式 RR 训练、RR 训练坐姿感受、RR 训练打开视觉、RR 训练打开听觉等。

练习迷你 RR 技术的好机会

★ 上课胡思乱想的时候

★ 走向考场路上内心忐忑的时候

★ 考场上大脑一片空白时

★ 吵架心跳加速、全身紧绷时

……

★ 练习并应用迷你 RR 技术有无穷无尽的机会，可以开发自己的时间！

如何判断自己进入了放松反应状态（RR 状态）

感觉肌肉放松、呼吸变深变慢、心率变慢、心情平静、感觉深深扎根于大地等，还有一部分人随着训练时间增加会出现唾液分泌增多的表现，这些都是常见的 RR 状态的表现。

初学者常见问题处理

怎样集中注意力（走神儿的应对）

开始时选择注意呼吸，某一个词或者一句话的练习会帮助你集中注意力，在练习过程中出现其他想法时不要着急，发现走神儿后只要重新将注意力集中到练习上即可。

静不下来怎么办（胡思乱想、焦虑、烦躁等负面情绪的应对）

在练习过程中出现紧张、焦虑、烦躁等负面情绪时，不要着急，注意认真感受这些情绪出现时你的各种感受，包括身体的感觉，然后重新将注意力集中到练习上即可。

如果有纷繁复杂的念头和想法或者不愉快的画面出现时，不用过于担心，这是好的开始，表明你已经开始注意到自己需要改变并寻求改变，不做评判，只是注意自己的想法。

如果进一步出现焦虑的情绪和感觉，可以重新关注呼吸或者身体的某一部位来将注意力重新集中到练习上，还可以在手中握住感觉舒适的东西。另外可以试着想象能产生积极情绪的美好景象，如果还是不行，停止练习，做一些能让自己愉快的或者可以做得下去的事情。

关于做错的误区

当你开始观察到头脑中的想法如此之多并且开始评判这些想法时，你可能已经开始思考自己是不是应该做得更好，或者更投入了。记住，简单地注意到你在练习中出现的走神儿程度是练习的重要阶段，没有对错。即使在练习的过程中由于太放松睡着了，也是一种自然的反应。很多人会质疑这样能不能达到练习的效果。对于用练习来改善睡眠的人来说这个结果是再好不过的。如果不想在练习中睡过去可以采用一些方法，比如在练习中慢慢把头向上仰起或者在练习的同时用一只手有节奏地敲打大腿来保持清醒。

了解你的大脑

知识包

你的大脑是一个神奇的机器。脑科学告诉我们，我们每个人都可以一直学习新技能，通过不断地练习，做出改变。即使表面上看起来不可能的时候，也是如此。就像肌肉，你使用越多，会越强壮，肌肉和肌肉之间的配合会越熟练。大脑中的基本组成部分是神经元，神经元和神经元之间的链接就像肌肉和肌肉之间的配合，你使用这个链接越多，这个链接就会变得更强壮。这意味着当你使用大脑来完成一项任务的时候，大脑记住了这项任务是如何操作完成的，下一次任务会变得更简单。一次比一次更简单，直到这项任务变成第二本能。

科学家把大脑这项面对环境中的新任务做出的生长、学习以及改变的能力称为神经可塑性。神经可塑性在我们面临一项新挑战

以及需要学习新内容的时候派上用场，从用不同的方法解答数学题到以另一种方式交朋友。因为大脑具备神经可塑性，每个人都有能力适应我们所面对的变化以及挑战，这些变化和挑战就是压力的来源，作为青少年，你的大脑非常需要以崭新的方式去学习、改变以及成长。

另外，要了解大脑中和压力应对关系最密切的两个部位，即杏仁核和前额皮层。看一下这张大脑的图片，将帮助你理解这两个部位，以及它们是如何来帮助我们更好地应对压力的。

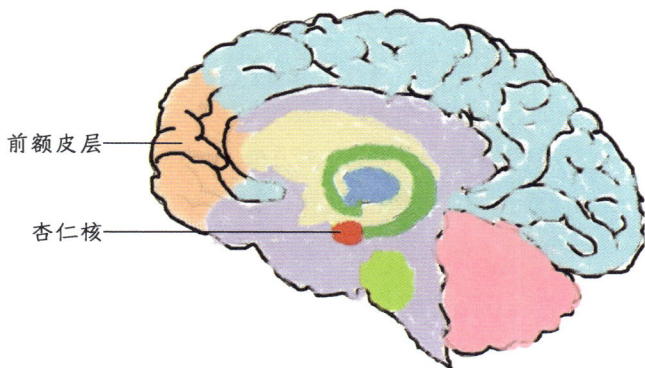

前额皮层

杏仁核

前额皮层： 用手碰触一下额头中间，前额皮层位于额头后面的大脑区域。这一区域帮助我们更好地做出选择，集中注意力以及学习更多的知识。

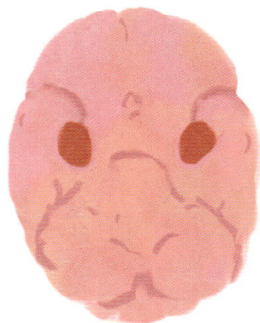

杏仁核： 位于大脑中部的深处。杏仁核的名字来自它看起来比较像杏仁儿，左右各一个。杏仁核不会思考，只会做出反应。因此，有些时候，它帮助我们保持安全，比如，如果在你去学校的路上，突然间看到一只没拴绳的大型犬，你会怎么想？你的身体会有什么感觉？这个时候杏仁核就会发挥作用，让我们保持安全。它并不思考，只会对危险迅速做出反应。帮助我们的身体准备好快速行动，从一些危险中逃离或者开始战斗。有趣的是，当我们处于那种状态中时，我们的身体已经做好了行动的准备，但是我们的大脑更准确地说是我们的前额皮层并没有思考好或者并没有想好如何解决问题。

但是另外一些情况下杏仁核会阻止我们做出更好的选择，比如杏仁核有些时候会让我们感觉到我们好像处在危险中，但实际上我们并没有。你能够想到，有些时候当你感觉到很害怕或者生气，但是逃离或者战斗并不是解决这个问题的好方法。比如我们和朋友或者是和老师、父母产生争执，或者是感觉在考试的时候非常紧张，如果是我们的杏仁核在这些情况下产生了反应将会发生什么？你

可以做出最好的选择吗？显然不会，这意味着我们可能会以愤怒或者是以一种争吵的方式做出反应，或者我们将度过一段艰难的时间，无法记起学会的知识或内容，而这些对考试来说是非常重要的。那么我们可能就会在临场发挥的时候产生失误。

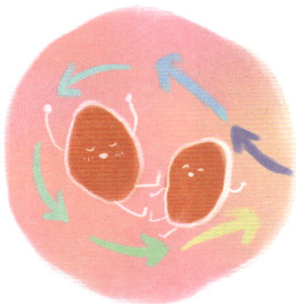

另外，当杏仁核让我们的身体准备好对潜在的危险做出反应的时候，就意味着我们不能够很好地使用我们的前额皮层。这也意味着我们的决策制定可能并不是很好的。因为我们需要使用前额皮层来做出好的决定，进行问题解决以及管理好我们的情绪和感受。我们可以通过学习一些特别的方法来训练我们的大脑，先安抚杏仁核，从而加强前额皮层的指挥能力。这将帮助我们做出好的决策，集中注意力，学习更多的知识。

思考一下在下述场景中，我们使用了大脑的哪些部位：

- 选择读哪一本书（前额皮层）
- 躲过迎面而来的汽车（杏仁核）
- 听从父母的建议（前额皮层）

对于学生以及家长们来说除了了解上述两个大脑部位的工作特点外还要了解它们在青少年时期的发育特点。杏仁核和前额皮层在青少年时期都处于相当活跃的发育状态，且并未发育成熟。因此，即使当我们到了青春期，身高体重等外在特征看上去越来越接近成人，但我们依然对情绪相当敏感或者说我们的杏仁核很容易受到外界刺激而做出过度反应，而前额皮层的管理能力也并不强，换句话说我们的情绪、思维和行为之间还不太能把握好平衡与协调。这个时期如果遇到压力，我们常常会不知所措，比如经常会表现得不知如何表达自己的情绪，或时而用冲动过激的行为来发泄自己的情绪等等，明明道理都懂却偏要这么做，明明知道不可以却控制不住，杏仁核和前额皮层发育完全的成年人有时尚且如此更何况青少年。

工具箱

安抚大脑中的情绪中枢杏仁核，有一个非常简单，但非常有效的方法就是要关注自己的呼吸并运用呼吸方法，这也是很多家长或者老师会反复地叮嘱大家如果你紧张的时候，可以做几次深呼吸的科学道理。当然也有家长看到孩子紧张焦虑，反复叮嘱的是要放松，心态要好，然而这样的叮嘱没有任何指导性意义，谁都知道要放松，心态要好，问题是怎么做呢？一定要给孩子可操作性的建议，否则只会加重紧张感，因为孩子可能会反过来觉得自己没有放松下来心态不好是不对的，如果参加考试就会对考试有不好的影响。

我常对学生们说的一句话就是遇到事情焦虑紧张是正常反应，每个人都会有，但是当这种情绪超出了你的掌控范围或者你太难受了就需要调节一下，哪怕是简单的深呼吸都可以。

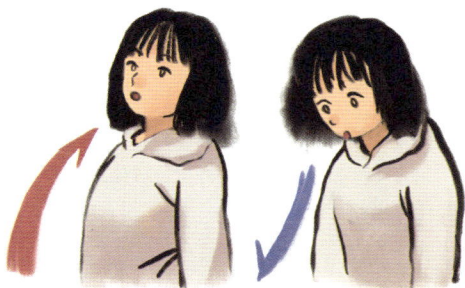

工具： 放松反应训练（RR训练）——腹式呼吸（迷你技术、常规技术）

    找一个舒服的姿势坐好或者躺好，将双手放在大腿上，手心向上或者向下都可以，闭上眼睛，面带微笑。下面，我们一起来练习腹式呼吸，将手放在你的小腹部，感受伴随着呼吸腹部的运动，用鼻子或者嘴巴吸气都可以，吸气时感觉小腹鼓起来，呼气时感觉小腹缩回去，吸气的时候想象着腹部有一个气球，气球充气，小腹鼓起来；呼气时想象着腹部的气球泄气了，小腹缩回去。反复练习，找到属于你自己的节奏，直到你觉得平静、舒适为止。好，现在，我们准备结束练习，我会从5倒数到1，5，4，3，2，1。先不要睁开眼睛，搓一搓手，搓一搓脸，然后慢慢地睁开眼睛。

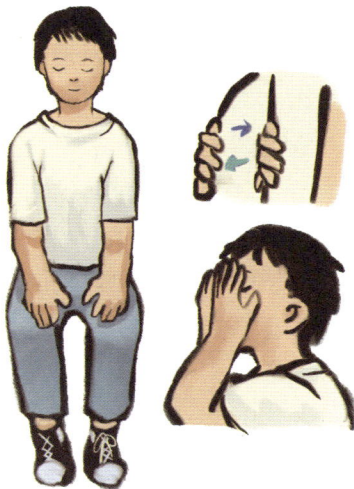

如果还是紧张，重复上述过程，直到自己放松平静下来。

扫描二维码，跟随指导语一起练习

说明： 该训练睁眼闭眼都可以做，日常作为迷你技术使用的时候不要求一定闭眼，可以在日常生活中随时随地进行，每次时间建议在 10 分钟之内，可反复练习。可以在考试压力等紧急情况下使用。

作为常规技术练习的时候要求在时间充裕、条件允许的情况下闭眼练习，帮助自己更好地专注。

另外，跟随音频练习时，不要求一定要和引导语的呼吸节奏一致，而是要找到属于自己的节奏，感觉放松平静即可。

和呼吸有关的 RR 训练都可以起到很好的效果，在之后的内容中也会陆续介绍。在做有关呼吸训练时注意的原则是不要憋气，找到自己的节奏，不要刻意地去追求深而慢的呼吸，要循序渐进，以舒适为度。除了在事发当时作为迷你 RR 技术及时使用外，平时的规律练习也很重要，比如每天可以练习 1~2 次，每次 20~30 分钟，使大脑形成习惯，当你一采用这种呼吸方式大脑就会自动告诉你自己要放松了。否则很有可能在你非常紧张焦虑的时候，想不到用这个方法，或者你可能运用起来没有那么快起效。关于呼吸的练习，是调节压力引起的焦虑紧张非常重要的工具，因为呼吸可以直接作用到杏仁核上并让它尽快平静下来。

练习

　　想一下上面学习到的技能。可能对于 6 岁时的你很难想象能够掌握今天所拥有的这项技能。在空白处给小时候的你写封信，在信中，聊一聊这些：

　　一路上你所碰到的挫折以及采取的应对方法；帮助你学习到这些应对方法的人；想想为什么你能学习到这些应对方法以及你是如何使用这些方法的。

　　记住对小时候的你要友好。

给 6 岁的自己：

"减压"小故事

　　明静，一名阳光的高中生，同时是名出色的短跑选手，当她谈起自己的时候，她是如此疲惫甚至无法站直。因为平时要参加各种训练，严重透支了她的身体。我们开始使用腹式呼吸来帮助调节她的呼吸节奏。不到 5 分钟，她就开始打哈欠。后来她真的睡着了。明静的身体之前太紧绷了，太需要休息了，腹式呼吸第一次给了她放松下来的机会。因此，如果在做腹式呼吸的时候你打哈欠或者感到困倦，这是好现象。你的身体开始平静。身体告诉你需要休息。这种腹式呼吸会缓慢、轻柔地培养你进入一种健康的呼吸方式中。开始的时候可能会觉得有点儿奇怪，不习惯。因为你的身体并不熟悉这种呼吸方式，它更熟悉短暂、急促、表浅的呼吸。经过一段时间的训练，循序渐进，你会逐渐适应并且喜欢上这种稳定的能够给你带来平静的呼吸方式。

了解你的压力
预警信号

知识包

我们的压力反应往往是一种习惯性反应，有一定的规律可循，也就是每当你面对压力时都会有同样的表现。这些表现一般包括面对压力时出现的情绪、想法以及行为，我们称之为压力预警信号，这些信号作为线索会告诉我们压力反应系统已经被激活，我们要及时采取适当的措施来应对。

预警信号分类

躯体预警信号：躯体对于压力的反应是指我们在面对压力时身体可能产生的感觉和出现的状态。对很多人来说，这是表现得最显著也最容易被误解的一种压力预警信号，比如由学习压力引起的心慌、胸闷、胃胀、胃痛、睡眠问题等。

通常躯体出现症状后，我们的

第一反应是自己是不是生病了，但是往往去医院检查却并没有查出什么问题。下次当你遇到这种情况，除了考虑身体疾病外不要忘了这也很有可能是你的身体在向你提出预警，提醒你压力的存在，需要赶紧调节。

情绪预警信号：这类预警信号可能是最常见的，也是大家最熟悉的，多为消极情绪，学习如何识别出不同的情绪状态和情绪变化是非常重要的。比如学生由于考试常引起的负面情绪是焦虑、恐惧、担忧等等。情绪预警信号与想法（认知）预警信号关系非常密切，经常同时出现。比如当一件事情让你非常生气的时候，你可能会想"这不公平！"，不同的情绪对应着你对压力的不同想法。起初，你可能会发现将想法和情绪区分开来非常困难，到底是你的想法还是你的情绪，自己都说不清楚。

关于情绪和想法需要记住一点：你的情绪是真实的，但想法可能会欺骗你。举个例子，你因为考试而焦虑，想着这次我肯定考不好，焦虑是真实存在的情绪，而"这次我肯定考不好"却并不一定是真实的，因为你还没有考试呢，这种悲观、灾难化的想法会让你失去信心，更加焦虑，最终导致考试失利。

想法（认知）预警信号：想法（认知）指我们关于自己、他人和世界的观点。这些观点可以集中在过去、现在或将来。由于我们大脑前额皮层的发展，我们是好的时光旅行者，因此对过去威胁的回味或者对将来威胁的预知都会启动压力系统，和当下正在经历的威胁引起的反应一样，比如在考试时想到了过去考试失利的事情感觉非常挫败，或者考试前想着这次一定考不好感觉很恐惧焦虑等。

想法的预警代表了两层意思：一是想法本身的性质，多为负面的，对应着负面的思维模式；二是想法出现的形式，如思绪如潮、思维不清晰、注意力不集中、记忆力下降等。

如果长期如此，这种特定的思维模式将会变为自动思维模式，事实上大多数情况下这些想法可能不是真实情况的反映。通常这类信号最难被我们所识别，即使识别出来，由于长期固化的思维模式（即思维定式）很难在短期内得以改变，因而需要通过一定的思维训练来纠正。但我们一定要有这方面的意识，即我们的观念和想法、对某事某人的认知不一定都是真实客观的，我们的观念和想法也可能欺骗自己。

行为预警信号： 在压力反应中，我们可能会有很多不健康的行为表现，这些行为让我们的压力暂时得到舒缓，帮助我们避免直接应对压力源。尽管这些行为会让我们短期感觉舒服，但从长远来看，会增加更多的压力。一种常见的压力导致的行为改变是想吃高热量的、精细化的食物，比如薯片、巧克力、蛋糕等等。

这种欲望可能由两种生物学驱动力引起：①碳水化合物为面对压力时产生的高代谢和大量神经活动提供必需的能量。②它们通过大脑由上至下的机制产生快感从而对压力产生抵消作用。压力反应的另外一个表现是食欲下降，考虑到身体在面对压力时消化功能的变化，这样的表现也同样合理。

除了食欲的改变，在压力的影响下，我们通常会趋向于采取一些行为可以提供即刻的快感，比如吸烟、饮酒、疯狂购物、沉迷于网络等。还有一类破坏性的行为，比如摔东西或者对自己或他人造成伤害的行为，表现为自残、攻击他人等等，这类行为往往是由于负面情绪没有得到及时处理，累积到一定程度造成的。

关系预警信号：在面对压力时，我们倾向于孤立自己，会感觉到自己与他人隔离开来，我们可能会发现自己怕受到别人的干扰或者有意躲避他人。比如你可能原本是非常外向，喜欢和大家一起吃饭一起玩，甚至经常是组织大家一起吃饭或者出去玩的人，但是一段时间内你只想把自己关在房间里，不想出去，不想见人。注意：抑郁也会出现类似的表现，需要专业人士比如医生进行区分，但是无论哪一种情况一旦发现都要及时处理。

心灵预警信号：这里的心灵一般是指对生命是有意义的，人生是有目标的坚定信念，或者对自己是有价值的坚定信念，也可以是一种深层次的与世界的联系以及与周围人联系的感觉等。心灵预警信号可能包括失去从学习或生活中获得的满足感，感觉无意义、无价值感，前途渺茫等。

常见压力预警信号

躯体信号	
头痛	背痛
消化不良	脖子、肩膀僵硬
胃痛不适	心跳快
手掌出汗	坐立不安
疲劳	耳鸣

情绪信号	
易沮丧、挫败感	紧张、焦虑、担心
愤怒	厌倦
孤独感	烦躁、缺乏耐心
悲伤	无可奈何

想法（认知）信号	
思维不清晰	犹豫不决
健忘	反复不断琢磨
注意力不集中	思绪如潮，且多为消极思维

行为信号	
锻炼比以前少	抽烟、酗酒
暴饮暴食	食欲下降
疯狂购物	沉迷网络

关系信号	
躲避人多的地方	不信任别人
与他人联络减少	经常负面评判别人

心灵信号
学习没有意义
人生没有价值

工具箱 　　每个人面对压力都有自己独特的预警信号，通过有意识的训练可以帮助我们认识到自己身上所表现出来的这些信号，及时应对处理，防止压力积累，造成严重后果。

练习

压力预警信号觉察练习页

躯体：头痛……

情绪：焦虑……

认知：犹豫不决……

行为：暴饮暴食……

说明： 　　为了更好地觉察压力，可以隔段时间填一次上面的表格。尤其在压力大的时候比如在备考期（前一天、一周或者一个月）或者考试后回忆总结考场上的情景，观察自己是否出现上面几方面的变化，将这些变化填在相应的表格中。

注意： 　　如果一直如此而不只是考试前或者考试中出现的现象就不属于压力预警信号的内容，比如一直吃的就比别人要少，就不属于行为预警信号。每个人的预警信号相对比较稳定，或者说在压力下你习惯于表现出某一种或几种预警信号，那么通过几次练习找出这种规律，包括预警信号的种类和出现的频率，为及时有效地应对压力提供依据。

练习 1

思考在过去两周内让你感受到压力的一件事或者一个时刻，那种压力让你有怎样的感受？在下面的身体上，画出在哪里以及压力如何影响了你。你可以使用任何颜色在上面画下任何图画或者符号进行表达。

画好后可以和你愿意分享的朋友或者家人一起讨论，谈谈你是如何感受到压力，以及为什么你要使用这些符号和颜色。思考一下你是否使用了一些方法来让这些感受减轻或消失，如果没有尝试一下使用下面的方法。

练习 2

现在我们来尝试一下用肩膀检查躯体紧张。在椅子上坐直。首先关注你的肩膀自然

的位置，不要试图去移动肩膀。接下来，用鼻子深吸气 3
秒，同时双肩上耸，尽量靠近耳朵。

下面，用嘴巴缓缓地呼气 5 秒，同时让肩膀完全放松
下来。你也可以甩甩胳膊帮助肩膀放松。

接下来再一次关注你的肩膀的位置。如果它们比之
前的位置更低了，你就可能是有一些躯体紧张和压力的。
别担心，这正是提醒你使用学习到的"减压"方法的好
时候。

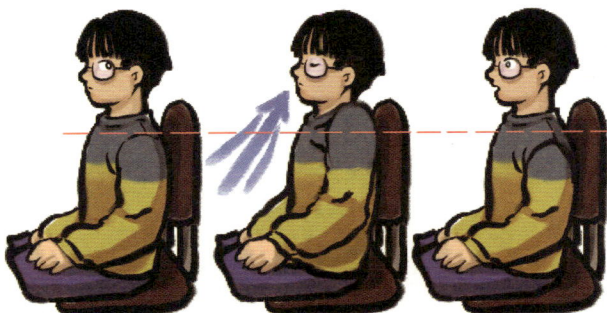

工具1： 握拳式 RR 训练（迷你技术）

将双手握拳，越握越紧，越来越紧……直到不能再紧，然
后深吸一口气，接着缓缓吐出一口气，同时慢慢松开双手，再
做一遍，握紧双拳，越握越紧，越来越紧……直到不能再紧，
然后深吸一口气，接着缓缓吐出一口
气，同时慢慢松开双手，再重复一次，
反复重复这一动作，直至当你松开双
手时感觉完全放松下来为止。

扫描二维码，
跟随指导语
一起练习

说明： 该训练睁眼闭眼都可以做，日常使用时不要求一定闭眼。可以在日常生活中随时随地进行，每次时间建议在 10 分钟之内，可反复练习。可以用于考试压力等紧急情况下使用，尤其适用于身体紧张、躯体不适感明显的情况。

另外，跟随音频练习时，不要求一定要和引导语的呼吸节奏一致，而是要找到属于自己的节奏，感觉放松平静即可。

工具 2： 放松诱导式 RR 训练（常规技术）

像探测器一样，逐个位置扫描自己的身体，从头至脚或者从脚至头，扫描的同时给予身体不同部位以放松的指导语。可在睡前练习，促进入睡，改善睡眠质量。

扫描二维码，
跟随指导语
一起练习

说明： 该训练要求在时间充裕、条件允许的情况下闭眼练习，帮助自己更好地专注。

工具 3： 渐进放松式 RR 训练（常规技术）

通过收缩肌肉让身体不同部位的肌肉先紧张再放松，让身体感受更强烈。如果有慢性疼痛或者受伤不方便绷紧肌肉时，练习时只需要将注意力集中到相应的肌肉群放松就可以了。如果使用工具 2 效果不理想的朋友，可以选择此项训练。

扫描二维码，跟随指导语一起练习

说明： 该训练要求在时间充裕、条件允许的情况下闭眼练习，帮助自己更好地专注。

如果因为压力你的身体出现各种不适，比如头痛、胃胀，以及不同部位的紧张等，在排除了躯体疾病的情况下（如果是躯体疾病，可以配合药物以及常规治疗练习）可以选择使用工具 2、工具 3 进行调节。

"减压"小故事

小雨在学校每当遇到考试，无论是小考还是大考，总是有特别不舒服的感觉，比如说考试前在学校食堂吃饭咽不下去，在操场上走路的时候会有头晕目眩的感觉甚至晕倒，在考场上更是会手心出冷汗，呼吸困难，肚子疼，心脏跳得特别快，他到医院虽然没有查出问题但是影响却不小，最直接的影响就是考试成绩还会衍生出另外一些负面情绪比如后悔、自责、沮丧、失落等等，把他的生活搞得一团糟。小雨的症状表现考虑都是由于过度紧张，考试压力大造成的，属于躯体预警信号。小雨最喜欢的训练之一就是握拳训练，在经过一年的规律练习后，现在的小雨早已经能够成功应对自己的考试焦虑和紧张，还时常和朋友分享心得体会。

了解你的压力
可以成为动力

知识包

提到压力，我们的第一反应往往是压力是不好的，会阻碍我们取得成功，然而实际情况是如果我们想要取得成功，必须有一定的压力，换句话说，完全放松的状态并不是让我们表现最佳的基础。科学家们发现压力在我们自己认为能够处理的强度范围内时，会提高我们的警觉性、表现力和记忆力。

这一观点最早被美国心理学家罗伯特·耶克斯和约翰·多德森进行了科学分析。他们测量了面对压力挑战的人们的表现，这些人的大脑和身体因为任务变得机警，或者被唤醒。他们的研究结果可以总结为一个简单的唤醒与表现关系的曲线，也被称为耶克斯-多德森定律。唤醒是一种状态，是身体从生理方面和心理方面遇到挑战或者有压力时达到的状态。看一下这个曲线，可以发现最好的表现由中等程度的唤醒达到，如果没有唤醒、唤醒过少或者过多的唤醒表现就会差一些。在中等程度的唤醒状态下，人类功能表现良好，甚至会从处理问题中获益，被称为"良性压力反应"。

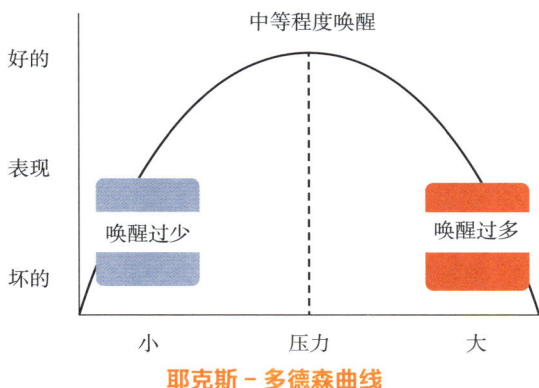

耶克斯－多德森曲线

虽然压力通常被认为是负面的，但重要的是它也可以服务于积极的一面。改变和挑战迫使我们调动自我潜能达成目标，帮助我们学习和成长。对大脑来说，管理压力就像通过锻炼塑造肌肉一样，找到适当的平衡点是关键。带着压力可以更好地生活，压力太少或者没有压力，会使人感到无聊和无精打采，相信这样的生活也不是人们想要的。

工具箱

每个人对压力的反应都是不同的。同样的压力事件，你可能能够处理，而对其他人可能就属于强度较大的压力。造成这种差异的原因，部分取决于人们对压力的不同看法。与视压力为坏事的人相比，有自信且掌握了一定的"减压"方法的人，就能够更好地适应压力，甚至让压力成为自己成功的助力。遇到压力挑战时的喜悦和兴奋与面对可怕和威胁时的痛苦相对应，前者为我们提供生活的乐趣，经常会促使个人进步发展。与此相反，后者会使人痛苦，害怕失败，导致被剥夺的感觉。

　　压力下能够表现好的另外一个秘诀，在于要有足够的练习时间。记住10 000小时的规律，对掌握任何技术来说，足够的练习能把你置于一个舒服的地带，通过生理的放松反应状态（RR状态）来缓解过多的压力反应造成的影响，当然练习RR训练，尤其是在紧急情况下实行的迷你技术（比如握拳训练），也会让我们进入这个地带。这个地带也被称为表现好的地带，是所有运动员在竞赛中想要达到的状态，同样的情况也适用于日常学习尤其是参加考试的我们，考场上的临场发挥和竞技体育更相似。这些都是在压力下会出现表现好的例子。

"减压"小故事

　　雨婷初二时遇到了问题，她对考试的压力感受很特殊，并没有太多情绪上的焦虑和害怕，只是每当考试时就会腹痛难忍，这给她造成了很大的困扰。一次次的身体检查并没有发现任何疾病，所以考虑腹痛是雨婷的考试压力引起的。通过规律的咨询和RR训练，雨婷顺利完成了中考，并且考上了不错的高中。雨婷和我分享在考英文的时候，她太过放松，完全没有任何紧张的感觉，这时候她突然想起我和她说过考试时完全没有压力也不利于考出好成绩，于是她用握拳给自己制造出了压力感受，结果

她的英语考试考得很理想。

当然，雨婷的例子并不是告诉大家给自己制造压力就一定能考好，而是通过这个例子让大家了解适当的压力对于发挥很有好处，我们要学会的是了解自己的压力表现、剧烈程度以及调节方法，即所谓的要把握好度，这样才具备了正常发挥甚至创造佳绩的基础。

了解你的思维方式

知识包

对于压力，我们有两种类型的思维方式，无论是青少年还是成年人都是如此。这两种类型是固定思维和成长思维。带有固定思维的人倾向于把害羞、悲伤、孤独这些人类特点看成是不可改变的或者接近于不可改变的，带有成长思维的人倾向于把这些特点看成是随着时间可以改变的，可以通过努力，尝试使用新的方法或者找到支持自己的人来做出改变。

固定思维想法举例：

你被困在抑郁的情绪中！

被困在一个容易担心的人、不讨人喜欢的人设中！

你认为这永远不会改变！

你对此无能为力！

你就是这样……

固定思维想法往往是夸大的，不是真实的，但是它有时容易被相信，尤其当我们处于最脆弱的时候。

成长思维想法举例：

这些都是暂时的！

改变是可能的！

那些挫折和压力意味着成长和改变的机会！

提醒我们尝试使用新的方法来帮助我们塑造更加健康的大脑……

固定思维想法会包含特定的语句，让它们更容易被识别出来。比如，这些想法倾向于包含很多的"我不能"，就像我做不了这个，因此不用费心尝试。这些"我不能"想法告诉你去躲避任何或者全部的可能出现的挫折或者压力。另外一个常见的固定思维想法是"我是"或者"我总是"，就像我是一个失败者或者我是一个垃圾，我是糟糕的，我是不讨人喜欢的。通过简单地说自己"是"一种样子或者另一种样子，这些想法导致你相信自己真的就是这样，无法改变。

当生活变得艰难的时候，固定思维想法让你放弃，忽略或者躲避让你烦恼的事情。比如让你不要在数学课堂上主动发言，你只会答错让自己尴尬或者没有必要去参加聚会，交新朋友会让你难受等等。

固定思维想法让你维持在舒适

区，所以你想要听从这些想法是完全可以理解的。在你可能出丑的情况下放弃，或者假装有压力的事情并不存在，暂时你会感觉松了一口气……但是这不会持续太久。听从这些想法短时间让你感到安全，但是长此以往会阻止你成长。你使用固定思维的想法越多，你尝试新的应对方式就会越少，这意味着当压力迎面而来的时候你将会错过解决问题或者寻求帮助的机会。

与之相反，成长思维想法告诉你这些事情可能是艰难的，但是你能够解决问题，坚持不懈，总会找到方法的。换句话说，压力实际上是成长和改变的机会。成长思维想法可能告诉你在课堂上回答错了是令人尴尬的事情，但是如果我没有答对，老师帮助我解决了问题，我对正确答案的印象会更深刻；或者我担心在聚会上感到孤单，但是如果我鼓起勇气和新朋友聊天，可能就会让孤独感减少很多，整体体验也会轻松一些。

听从成长思维想法会让人害怕，因为它意味着首先把自己置于有压力的情况下，或者你不确定会不会成功的地方。但是它也会让你更加想要去学习新的解决问题的方法，直面你的恐惧，这听上去是艰难的，短时间会感到不舒服，但是长期看来它们可能会制造积极的改变，你也会获得成长。

学习看到你的固定思维想法是重要的第一步，注意在一些特定的情况下，一些语句和你的固定思维想法之间的关联，是很好的开始。

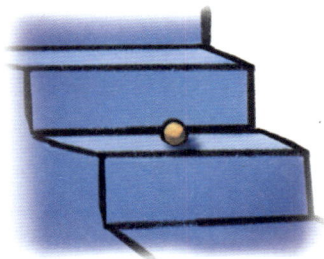

工具箱

练习

举一个很多青少年都经历过的例子，小勇在他参加的第一场大型乒乓球比赛上输了。他感到非常沮丧，下个月他所在的球队还会有场比赛，但是他不确定是否自己还能在球队中获得一个参赛资格。

小勇的固定思维想法可能是：我已经证实了自己打不好乒乓球。如果没有赢得这场比赛我就不可能代表球队再参赛了。我应该待在家里而不是在下一场比赛中继续丢人现眼。如果我不再尝试，至少其他人不会再看到我的失败。

小勇的成长思维想法可能是：打完这场比赛后，在下个月的下一场比赛中我就知道自己有哪些可以改进的地方了。我还有几周准备的时间，我相信自己可以做得更好！我应该看看是否能找到合适的人陪我练习。

根据小勇的例子思考一下下述情况中的两种思维方式的想法：

美华在一次模拟考试中考得很差，她有些崩溃。在两周后她会参加另一场大型考试。

美华的固定思维想法可能是：

....

....

....

....

美华的成长思维想法可能是：

....

....

....

....

　　在新学期开学第一天的午餐时间，莉莉想要在餐厅找一个位置坐下，但是已经没有空余的餐桌了，她害怕没有人愿意她坐在旁边。在上学期，她通常都是自己一个人坐在餐桌前。她看到班级里有几个人坐在她右边的一张桌子前。

莉莉的固定思维想法可能是：

....

....

....

....

莉莉的成长思维想法可能是：

....

....

....

....

加油站

想象一个你在做对自己很重要的事情的场景，你感到害怕或者紧张，例如，参加体育比赛或者参加演出，和第一次见面的人开始交谈，或者在听众面前演讲。

你可能出现的固定思维想法是什么？

....
....
....
....
....

你可能出现的成长思维想法是什么？

....
....
....
....
....

下面想象你的一个朋友正面临你刚才的情况，你朋友在那个时刻可能出现的固定思维想法是什么？

....
....
....
....
....

你朋友在那个时刻可能出现的成长思维想法是什么?

....
....
....
....

你会给朋友什么建议来帮助他听从他的成长思维想法,而不是固定思维想法?

....
....
....
....

练习 2

想象在体育馆,发生了什么? 你想参加游泳队,但是上学期你没报名。你的固定思维想法是什么?

我上一次没有报名，就意味着我不擅长游泳。我永远也不可能加入游泳队，那么为什么要尝试呢……

当这一切发生的时候你的感受如何？

我感到非常绝望，无论我怎么努力都没办法参加游泳队了。

最后你做了什么？

我告诉教练今年不尝试参加游泳队了。

选取一个固定思维想法，写在下面：

如果用你的成长思维想法来取代这个固定思维想法会是什么？

如果你用这个成长思维想法取代了固定思维想法，你会感觉如何？

....
....
....
....
....
....

如果你用这个成长思维想法取代了固定思维想法，接下来你会采取什么不同的行动？

....
....
....
....
....
....

了解你的优点

知识包

每个人都有优点，你可能只是没有注意或者忽略了而已，应对压力和挫折，从识别出你的个人优点来开始是有帮助的。乐观、勇敢、诚实都是个人优点的体现。当人们有能力按照个人优点来采取行动，他们会感觉最真实，感觉最好。

那么怎么做呢？首先你要了解优点意味着什么，以及哪个优点对你来说最重要。优点是我们想要保持前进的方向。它是一个方向，不是终点。和目标不同，优点更像是地标，特定的河流、山川或者山谷，你希望在向目标前进的过程中经过它们。

例如，如果你想要成为一个有毅力、能坚持的学生，那是一种你每天都可以依靠的优点。依靠这个优点生活是一个持续的过程。相反，考上理想的大学是一个目标，是一个一旦达到，你就可以从清单上划掉的内容。一旦你考上理想的大学，尽管之后作为学生你会继续学习（例如，读研究生），你也已经完成了这个目标。作为一个有毅力、能坚持的学生是一个持续的过程，没有明确的终点。这就是作为地标的优点和目标的区别。

为什么了解你的个人优点是有帮助的呢？这是因为你要使用你的优点来指导你的行为。以你的优点来行动，会帮助你发展真正喜欢的东西。依靠你的优点生活，会帮助你把握生活的方向，每一天都可以变成你想要变成的那个人。

注意你的优点会随着时间而发生改变，和人随着人生的发展而发生改变一样。

练习

一个人可以有很多优点，对不同的人每个优点有不同意义。在下面列出的一些优点中找到自己更在意的。如果你想到了一个没有列出来的优点，可以把它添加到"我自己的优点"一栏。优点没有正确或者错误之分。关键是要找出哪一个对你是重要的。

对于这些优点中的每一个，首先写下来它对你来说意味着什么。

然后，对这个优点对你有多重要进行评分，分为今天和1年前两个时间点，从0分（完全不重要）到10分（最重要）。

举例：

"好奇心"可能意味着：

对周围的世界充满了好奇。

或者不容易感到无聊。

"创造力"可能意味着：

喜欢想出新方法来做事。或者我比我的大多数朋友都有想象力。

1. 健康

对我来说，这个优点意味着：

今天的重要性（0~10）：

1年前的重要性（0~10）：

2. 创造力

对我来说，这个优点意味着：
今天的重要性（0~10）：
1年前的重要性（0~10）：

3. 同理心、助人

对我来说，这个优点意味着：
今天的重要性（0~10）：
1年前的重要性（0~10）：

4. 对美好的向往

对我来说，这个优点意味着：
今天的重要性（0~10）：
1年前的重要性（0~10）：

5. 坚持

对我来说，这个优点意味着：
今天的重要性（0~10）：
1年前的重要性（0~10）：

6. 独立

对我来说，这个优点意味着：
今天的重要性（0~10）：
1年前的重要性（0~10）：

7. 团队合作

对我来说，这个优点意味着：
今天的重要性（0~10）：

1年前的重要性（0~10）：

8. 诚信

对我来说，这个优点意味着：
今天的重要性（0~10）：
1年前的重要性（0~10）：

9. 爱或被爱

对我来说，这个优点意味着：
今天的重要性（0~10）：
1年前的重要性（0~10）：

10. 自控力

对我来说，这个优点意味着：
今天的重要性（0~10）：
1年前的重要性（0~10）：

11. 乐观

对我来说，这个优点意味着：
今天的重要性（0~10）：
1年前的重要性（0~10）：

12. 感激

对我来说，这个优点意味着：
今天的重要性（0~10）：
1年前的重要性（0~10）：

13. 包容

对我来说，这个优点意味着：

今天的重要性（0~10）：
1年前的重要性（0~10）：

14. 勇气

对我来说，这个优点意味着：
今天的重要性（0~10）：
1年前的重要性（0~10）：

15. 公正

对我来说，这个优点意味着：
今天的重要性（0~10）：
1年前的重要性（0~10）：

16. 原谅

对我来说，这个优点意味着：
今天的重要性（0~10）：
1年前的重要性（0~10）：

17. 幽默

对我来说，这个优点意味着：
今天的重要性（0~10）：
1年前的重要性（0~10）：

18. 我自己的优点

....

....

....

....

对我来说，这个优点意味着：

今天的重要性（0~10）：

1 年前的重要性（0~10）：

下面圈出今天你最关注的 3 个优点。针对每个优点，说出为什么对你来说是重要的。然后写出在接下来 24 小时内根据这个优点你可以做的事（你的即时目标），在接下来 1 周内你可以做的事（你的短期目标），在接下来一年内你可以做的事（你的长期目标）。最后，说出随着时间这个优点对你的重要性会发生变化吗？为什么？

优点 1：

....

....

优点 2：

....

....

优点 3：

....

....

为什么它对你是重要的？

....

....

....

....

....

你的即时目标是：

....
....
....
....
....

你的短期目标是：

....
....
....
....
....

你的长期目标是：

....
....
....
....
....

随着时间这个优点对你的重要性会发生变化吗？为什么？

....
....
....
....
....

练习

在关注的这 3 个优点中选择 1 个:

....
....
....

思考一个你生活中特别的时刻，你依靠这个优点采取行动的时候。回答下面的问题，包含尽可能多的细节。

是什么时刻？

....
....
....
....

你是如何行动的，在这样做之后你感觉如何？

....
....
....
....

在这样做的时候你想到了什么？

....
....
....
....

当你依靠你的优点采取行动的时候其他人是如何反馈的?

....
....
....

下面思考一下你的生活中接下来出现的事情或者情况。找出一件事或者一种情况依靠你的这个优点来行动,在不久的将来(例如,接下来的一周)。同样,包含尽可能多的细节。

会是什么事或者什么情况?

....
....
....

思考一种方法或者提名一个人可以帮助提醒你依靠这个优点来行动。

....
....
....

"减压"小故事

雅茹,13岁,分享了她是如何了解到她的优点帮助她应对压力的例子:

我拥有的一个优点是坚持,坚持住直到你找到解决方法为止。对我来说是重要的。因为我妈妈在生活中遇到过很多困难，但是她总能在艰难的时候以某种方式找到解决方法，我很佩服她。通常在我搞砸了事情之后脑子里会出现一些想法，例如我不够聪明之类的。但是，我知道那些想法不是真的，它们只是我大脑里固定的念头。当它们出现的时候，我只需要尝试告诉自己，"你可以找到方法度过这段时间，你是你妈妈的女儿。"就像提醒我自己我就是可以坚持住、可以找到方法度过这段时间的人。或者至少我可以尝试，就像我妈妈曾经做的那样。

你通过记住自己的优点，可以帮助自己应对压力，也可以成为自己真正想要成为的人。

第二部分

从你可以做的

开始

如何调节负面情绪

在压力管理中，情绪管理是其中非常重要的一个部分，情绪是一过性的，和特定的情境也就是特定的事儿相关，而学生群体最常见的压力表现之一就是和考试直接相关的焦虑紧张以及害怕考试，后者其实以恐惧的情绪为主，这通常在每个人身上几乎都是固定不变的，也就是焦虑、紧张、恐惧的情绪在每当考试前或者考试中甚至考试后会出现、加重。

因此了解以及及时识别出自己在考试的影响下会出现哪些和平常不一样的焦虑、紧张、恐惧表现是有效调节情绪的基础和前提。那么焦虑、紧张、恐惧的表现都有哪些呢？不知道大家在考试前或者考试时有没有类似的表现呢。焦虑、紧张、恐惧的表现主要有以下 4 方面：

1. 心态上紧张担心，甚至坐立不安。

2. 身体上心悸、手抖、出汗、尿频、呼吸加快、肌肉紧张等。

3. 思维上胡思乱想，而胡思乱想的内容都是指向没有发生或者将要发生的事情，比如即将到来的考试，想着最坏的结果出现，想着别人如何看自己或者大脑一片空白、思考能力急剧下降等。

4. 行为上虽然知道事情很重要但也有想要逃离躲避的冲动。

工具箱

关于呼吸的 RR 训练都可以作为缓解焦虑、紧张、恐惧情绪的工具来使用，比如腹式呼吸。另外，如果身体上的紧张感比较明显，可以使用放松诱导式 RR 训练、渐进放松式 RR 训练等。如果时间不允许，比如在考试过程中，要特别强调握拳式 RR 训练，这个训练方法特别适合在面对紧急压力事件、情绪波动起伏时使用。

除了情绪的紧急应对外，我们还要学会健康地宣泄情绪，给情绪一个出口，比如找朋友或者你信任的人倾诉、聊天，如果找不到合适的人也可以采用写日记或者记录的方式把情绪表达出来，甚至找个合适的机会喊出来、唱出来都可以。

另外如果在表达的过程中有创造性元素往往可以起到更好的效果，比如写小说、写诗、作曲、画画等。破坏性的行为是很多人比较喜欢的宣泄情绪的方式，但要保证对自己和他人是安全的，比如撕纸、摔枕头、摔空的矿泉水瓶等。

加油站

听喜欢的音乐

音乐是一个不错的选择，它通过刺激五感中的听觉通道来调整情绪，所谓五感是指视觉、听觉、嗅觉、味觉以及触觉。听觉是除了视觉外我们使用最多的一种感官，生活中使用起来也比较方便。选择你喜欢的或者能听进去的音乐，听的时间最好保证在 10 分钟以上。

创造能量

加拿大病理生理学家汉斯·塞利说"没有什么能比聚焦在愉快的想法上更有效地抹掉不愉快的念头。"我们拥有积极情绪的感觉与拥有能量的感觉紧紧联系在一起。可以通过做些运动给自己制造出拥有能量的感觉，比如开合跳或者走得更快些。如果你表现得更加有能量，就会给自己制造出一种拥有更多能量的感觉，那么也会倾向于鼓舞自己。

享受一种好味道

提到味道，大家自然而然地想到的就是吃，当然可以用吃你喜欢的食物来调节情绪，但是要注意不能暴饮暴食。味道还和嗅觉有关。嗅觉是很容易被大家所忽视的一种感官，但对于情绪的调节可以说嗅觉却有着其他感官无法匹及的优势。因为气味传导到大脑的时间最快，正如汉语中的表达有闻到了危险的气息，或者嗅到了危险的气味的表述。往往这个时候你还什么都没看到，没有意识到发生了什么，但是你的身体已经开始有反应了。

使用自己喜欢的气味来帮助自己调节负面情绪的前提是你知道自己喜欢闻什么气味，比如一些朋友喜欢的独特的气味像洗发水、药皂等等。如果你记不得自己喜欢的气味了，那么从今天开始，要注意在日常生活中去观察、感受、记忆以及提取自己喜欢的气味。这个过程最好有特定的场景，描述得越具体越好。比如你喜欢闻雨后青草地伴着泥土的味道，味道找到了，可以找找看这个味道的香水，每当心情不好的时候就闻一闻，用它来改善自己的状态。

还有一种大家普遍比较喜欢的气味就是橙香味，比如橘子皮、橙子皮的气味，可以准备一些随身携带，在有需要的时候拿出来闻一闻。

"减压"小故事

惠惠是个要参加艺考的女孩儿，她被考试的压力压得喘不过气来。闻气味的方法对她的帮助比较大。刚开始提到喜欢的气味的时候，她立刻就想到了一种，就是她自己被子的味道。之后她尝试一紧张焦虑就把自己裹在被子里，用力闻闻被子的味道，这让她感觉很温暖，很安全，让她想到妈妈。所以闻气味也成了她最常使用的调节情绪的方法。

做些运动

运动是很多朋友用来调节负面情绪的方法。比如心情不好的时候就去跑跑步，游游泳。这些运动属于有氧运动，是大家平时最常选择的一类运动。如果使用有氧运动来调节负面情绪，要注意适度以及规律性。除了有氧运动外还有一些运动对负面情绪也可以起到比较好的调节作用，比如太极拳、八段锦、瑜伽拉伸等。

对初学者在进行太极拳、八段锦、瑜伽拉伸等运动的时候有以下三方面需要注意：第一，如果有躯体问题可能会影响到进行动作练习时，要避免动作幅度过大。第二，要听从自己身体的感觉，避免任何能够引起疼痛的姿势或者引起眩晕的呼吸方法。第三，鼓励且锻炼自己有意地将注意力集中在练习上的能力。比如如果注意到自己开始评价自己或者这种练习本身的时候像"我做不了"或者"这样做很傻"等，能够简单地意识到自己在走神儿，不带有任何评判的，重新把注意力拉回到练习本身即可。

做些自己感兴趣的事

如果时间允许，每天规律地抽出些时间来做自己感兴趣的事情，可以帮助调节负面情绪，缓解疲劳倦怠感。在负面情绪的影响下，我们的思维就会变得更加关注负面的东西，以至于我们忘记了能够给我们带来快乐的活动。可能你已经很久没有这样做了，或者你虽然做了但没有全身心投入，因为消极的想法干扰了你在从事这些愉快行为时的感受。比如，你可能不认为自己钢琴弹得足够好，因此就懒得弹了；你可能觉得自己没有足够的时间在天气好的时候出去散散步，所以干脆就不出家门了。每天有意地关注你能够从事的愉快行为会帮助你转移观点，带给你自然而然地享受简单生活的积极感受，比如每晚做一做手工，这是你喜欢做的，你可以全身心地投入其中，哪怕只有10分钟。

你要如何制订目标

知识包

　　对压力管理来说，了解你自己很重要，但是如何从了解跨越到你希望看到的改变呢？你需要学习制订目标的策略，目标就如同汪洋中指引你航行的灯塔，引导你一直向前，不至于走错路、走弯路。

　　具体可以采用下述方法来设定目标，问自己这些问题来检查是否你的目标符合要求：

你的目标可以达成吗

　　换句话说，你在不久的将来是否能实现这个目标？想长期的、大的、遥远的目标好像很容易，例如"我想要成为伟大的人"或者"我想要做出与众不同的事情"。这些是很好的目标，但是事实上，实现这些意味着首先要实现很多的小目标。将你的关注点转移到更小的、阶段性目标上可以帮助你逐步达成长期的目标。

你的目标是具体的吗

它应该是聚焦的，对你来说是可以立刻采取行动来达成的，例如"我这个月想要练习三次钢琴"而不是"我想要成为一名音乐家"。

你的目标是可追踪的吗

你能追踪自己是否已经按照计划的时间点做出了改变吗？例如"我每个周末会帮助妈妈打扫一次房间"而不是"我想要在今年内增进和妈妈的关系"。设定追踪目标就更容易看到你是否按时完成了制订的计划。

实现你的目标的过程中或者
这个目标包含你在意的内容吗

例如是不是和朋友或者家庭相关，是否意味着对自己好一点儿，或者尝试新挑战。这会帮助你保持动力来实现目标。

实现你的目标的过程是否包含
发现并且应对阻碍的计划

实现目标是有挑战的，挫折是这个过程的一部分。你要解决阻碍造成的问题，而不是躲避它们。可以向别人寻求帮助，思考新的解决方法，坚持下来，直到实现目标。

工具箱

练习

　　阅读例子，根据例子中的步骤帮助自己来制定目标，让自己可以根据这些目标采取行动。

　　嘉新的目标：我不想在数学考试中再考不及格。

　　• 用另外一种积极陈述的方式来描述嘉新的目标：我想在数学考试中考好。

　　• 思考嘉新的目标在不久的将来是可以实现的吗？告诉我们为什么可以实现或者为什么不能实现。例如"在数学考试中考好可能是一个长期的目标。这期间可以设定很多个中间目标，比如制订并且保持学习计划"。

　　• 如果嘉新的目标是不可以实现的，那么请重新写一个更容易实现的目标，例如"我会从数学老师那里得到帮助"。

　　• 思考嘉新的新目标是具体的吗？告诉我们为什么是具体的或者为什么不是具体的。例如从数学老师那里"得到帮助"不是非常明确，可能包含很多方面。

• 如果嘉新的新目标不具体，请重新写一个更具体的目标，例如"我在课后安排的答疑时间会得到数学老师的帮助"。

• 思考嘉新的新目标是可以追踪的吗？告诉我们为什么是可以追踪的或者为什么不可以追踪。不是可以追踪的，因为他的目标没有明确提出在课后安排的答疑时间得到数学老师帮助的频率或者将得到数学老师多少次的帮助。

• 如果嘉新的新目标是不可以追踪的，请重新写一个容易追踪的目标，例如"我每周在课后安排的答疑时间会得到数学老师的一次帮助"。

• 你为什么认为嘉新的新目标是他所在意的？嘉新想要提高数学考试的成绩，这样他会有成就感。

• 如果在实现这个目标的过程中遇到阻碍，有什么办法来帮助嘉新解决问题吗？例如提名一个可以帮助嘉新实现目标的人，告诉他怎样提供帮助。

他的朋友周扬可以在课后答疑时间鼓励他去找数学老师提问，即使他不想每周去一次。

接下来帮助小萌制定目标。

小萌的目标：我不想交朋友这么难。

用另外一种积极陈述的方式来描述小萌的目标：

....
....
....
....

小萌的目标在不久的将来是可以实现的吗？告诉我们为什么可以实现或者为什么不能实现。

....
....
....
....

如果小萌的目标是不可以实现的，请重新写一个更容易实现的目标：

....
....
....
....

小萌的新目标是具体的吗？告诉我们为什么是具体的或者为什么不是具体的。

....
....
....
....

如果小萌的新目标不具体，请重新写一个更具体的目标：

....

....

....

....

小萌的新目标是可以追踪的吗？告诉我们为什么是可以追踪的或者为什么不可以追踪。

....

....

....

....

如果小萌的新目标是不可以追踪的，请重新写一个更容易追踪的目标：

....

....

....

....

提名一个可以帮助小萌实现目标的人，告诉他怎样提供帮助：

....

....

....

....

练习

　　写下一个你很在意的目标，确保用积极的、可实现的、具体的、可追踪的方式来陈述它。

....
....
....
....

　　把陈述中表明积极陈述的部分圈出来。
　　在陈述中表明可实现的部分下面标上方块。
　　在陈述中表明具体的部分下面标上三角形。
　　在陈述中表明可追踪的部分下面划线。
　　写出你为什么很在意这个目标。

....
....
....
....

　　当你在尝试实现目标的过程中遇到挫折时，提名一个人能帮助你，并告诉他如何提供帮助。

....
....
....
....

用行为去影响
你的想法和感受

"减压" 小故事

　　宁宁是一名高二的学生，从上学期开始学校的生活对他来说很艰难。他总感觉没有动力，总是无精打采的。最终，他不怎么和其他人说话，也退出了篮球队，大部分下午时间只是待在家里。即使之前喜欢做的事他也不想做了。虽然这让他感到悲伤，但他的确觉得没有精力再去做这些事。意识到了这个问题后他和妈妈谈了现在的情况，妈妈带他来看我的门诊，我们一起制订了一个计划：他每天要做三件积极的事情，吃他最喜欢吃的食物、练习篮球以及至少和一个朋友聊天。我还提醒他最低要求是从自己能做的事情开始做，保持一段时间。

　　按计划执行开始是艰难的。有些时候宁宁感觉很好，但是他并不是总能有这样的感受。有些时候，

他只想待在床上，一整天什么都不做，即使他知道这会让他感到更糟糕。但是他一直记得提醒自己：从自己能做的事情开始做，尽量保持住一段时间。

几个月后，他的确开始感到更像他自己了。他想要去做有趣的事情。按计划执行的经历教会他不要放弃自己，改变是有可能的，即使当你感到不是这样的时候。其他人的支持可以帮助你做出改变，变成你想要成为的人。

就像宁宁的故事展示的那样，人们不能被悲伤、无精打采或者孤独困住。你总是能够做出行为上的改变，也会随之改变你的想法和感受。这个过程也可以帮助你变成你想要成为的人。

工具箱

练习

每个人都有感到心力交瘁的时候，或者当生活中的压力太大应付不过来的时候。想一想你最后一次经历这种情况的情景。可能是在学校，周围有朋友或者你独自一人。

那时候你发生了什么事情？写下来当时发生的让你压力那么大的事情。

....

....

....

....

....

在压力那么大的时候你曾经有过的一个想法（注意：这个想法是指我们自己和自己说的话——我们内心的声音。）

我在想：

....

....

....

....

....

在压力那么大的时候你的感受如何？（比如悲伤、愤怒、焦虑、担心、平静、嫉妒、孤独……）

内心中，我感到：

....

....

....

....

....

在压力那么大的时候你采取了什么行动吗？（比如出去走走，和朋友发消息，哭泣，写日记，寻求家长、老师或者医生的帮助……）

如果有采取行动，行动后你的感受如何？

....
....
....
....

下面，思考一下如果将来再出现这种情况，你会采取什么行动？你会如何提醒自己采取这些行动呢？

....
....
....

加油站

练习

几乎每个人都有一个个人的成长故事，尤其是在学习以不同的方式去应对压力和挫折方面，因为每个人的大脑都是持续成长和改变的，因此你可以从身边的成年人身上学习更多的关于改变的故事。

首先，选择一个成年人来进行采访（比如你的老师、父母或者朋友），这个人是谁写下来：

....

....

....

....

接下来，问他们一些问题，把答案写下来。

当你在我这个年纪，你所面对的最大的压力或者挫折是什么？

....

....

....

....

当你在我这个年纪，你是怎样应对压力或者挫折的？

....

....

....

....

今天你应对压力或者挫折的方式有不同吗？如果有，最大的不同是什么？

....

....

....

....

是什么帮助你学会以新的方式来应对压力或者挫折的呢？

....

....

....

....

思考一下你以新的方式应对压力或者挫折后，哪些改变让你感到最骄傲？

....

....

....

....

如果时光倒流，让你给年轻的自己一些建议，你会给自己提什么建议来应对压力或者挫折呢？

....

....

....

....

采取行动后效果
没有那么快怎么办

知识包

如果采取行动后效果没有你想象得那么快的时候要如何处理？或者当你看起来像离预期目标越来越远，而不是越来越近，尽管你尽了最大的努力，你要怎么办？

首先，你并不是孤单一人。采取行动，向着目标前进的过程中困难和挫折是不可避免的，但是知道会有挫折并不总是能让应对困难和挫折更容易。

下面介绍四种可能会帮助你应对困难和挫折的策略。

1. 让自己放松一点儿（馨然，16岁）

你不是完美的，犯错是难免的，所以你可以让自己放松一点儿，就像看到其他人在挣扎的时候你给他们建议那样。自我打击往往不会让我们离目标更近。你的目标对你来说可能需要做得更多。犯错是告诉你下次不要再这么做了，只是一件事情做不了或者一种方法

不适合，并不意味着所有的事情都是这样的，可以试试其他方法。

2. 回头看看你走了多远（小杰，15岁）

初一在课堂上大声朗读的时候，我念错了一个词。那不是一个有难度的词，所以大家哄堂大笑，停不下来。在那以后我甚至都不在学校和别人聊天了。我觉得自己很蠢，有些时候我会装病逃学。我痛恨总是这样紧张。因此，上了高中后，我想要一个新的开始。我找了心理医生，她和我讨论了这个问题，帮我更好地应对紧张。我想我是有进步的。现在在学校我感觉还行，至少有些时候会主动举手回答问题。和之前相比我感到很自豪。

3. 给自己一些时间（大进，17岁）

不知道为什么和别人交谈总是让我感到很紧张，即使和好朋友也是如此。我感到紧张，总是反应迟钝。今年我想要开始更多的交谈，至少和朋友们一起。只是去做就好，因为我知道练习得越多，事情就会变得越容易。当我设法去做的时候，事情一定会比我预期的要好。但

是，有些时候我太紧张了，只能安静地待着，当发生这种情况的时候，我会对自己生气，我已经努力了，为什么还是这么艰难？这个时候我会先处理一下自己的情绪，调整呼吸，哪怕只是简单地深呼吸，等情绪平稳了之后再开始。给自己一些时间来适应，你总能重新开始。

4. 寻求帮助（雯雯，16 岁）

有时候你只需要从关心你的人那里获得帮助。初三对我来说是艰难的。感觉自己什么都做不对，什么都做不好。我试着让自己不去想这些不好的方面，多去想好的方面，但是这些不好的感受总是反反复复出现。

为了缓解这种情况，偶尔我会和朋友倾诉。以前我很少这么做，因为不想用我的问题来打扰别人，一直都是自己默默承受。在尝试了和朋友倾诉的方法后我感觉非常好，尤其当对方真的能理解我在经历着什么的时候，往往她也有过类似的经历。有时候她可以给我出主意，这些方法在以前帮助过她。了解到我没有尝试过的方法是很有帮助的。另外，感到不那么孤单对我来说也是一种缓解。

无论如何，困难和挫折都会发生。关键是你选择如何应对。看看这四种策略中哪种最适合你，坚持下去，你就会离目标越来越近。

练习

让我们找出这四种策略哪一个最适合你，在每天的生活中哪一个可能对你最有帮助。

1. 让自己放松一点儿

2. 回头看看你走了多远

3. 给自己一些时间

4. 寻求帮助

在未来的三天中，使用这个练习页来追踪，尝试你的策略，写下之前、之后的感受。如果注意到使用你的最佳策略后，你的感受没有发生变化，那么在第二天尝试使用另一种策略。

天数	使用策略	在使用这个策略之前的感受	在使用这个策略之后的感受
1			
2			
3			

你在三天中都使用了同样的策略吗？在答案下面划线：

1. 是的

2. 不是

如果你使用了同一个策略，是否在某些情况下这个策略比其他策略更适合？请说明。

....

....

....
....
....

如果你使用不同的策略，哪一个看起来对你最适合？

....
....
....
....

打破习惯性逃避的
恶性循环

以 16 岁的晓凡的故事为例：

我从 8 岁开始打乒乓球。这一直是我最喜欢的事情。去年，我决定试试加入校队。我最好的朋友成功入选，但是我没有。当得知结果的时候我感到不舒服。朋友做得很好，我对自己很生气。我认为自己能入选的想法真是傻透了。从那以后，事情变得很艰难。我只想躲藏。和大家一起出去，上学，这些平常的事情看起来都变得很艰难。我做什么

事都没有精力，即使是我曾经喜欢的事情也是如此。那段时间我感到很消沉。我不明白发生了什么。有时我也会问自己能不能再一次找到做回自己的感觉？

晓凡的故事非常普遍。想要了解为什么，就要了解大脑的习惯性逃避模式。压力事件在大脑中（像没有入选校队）触发了一种自动的"必须躲藏"反应。这种大脑的工作方式帮助人类在早期保持安全（例如，帮助我们避免被野兽吃掉）。有时候，这也的确帮你躲避了危险（例如，在穿过车水马龙的马路时告诉你要停下来，绿灯时才能通过）。但是有时候，我们的大脑会犯错。它会保持在"必须躲藏"模式，比我们需要的时间更长，即使在"危险"已经过去了的时候，或者压力事件已经不存在了的时候。

晓凡的例子中，她的大脑实际上犯了一个错误：告诉她保持躲藏的时间太久了，导致她陷入负面情绪的漩涡中。她开始感到消沉，没有动力做她曾经感兴趣的事情，即使和乒乓球无关的事情也是如此。

如果没有及时调节，你经历的压力越多，就越容易陷入这些习惯性逃避的恶性循环中。青少年发生这种情况的人有很多。下面我们将介绍三种调节的方法。

1. 和让你感觉好的人一起做事情

2. 达成可行的目标（具体可以参考你要如何制订目标章节）

3. 享受属于你自己的活动

压力事件　　　　　"必须躲藏"反应

更加躲避　　　　　退缩和/或者隔离

情绪低沉（悲伤、孤独、没有希望……）

习惯性逃避的恶性循环

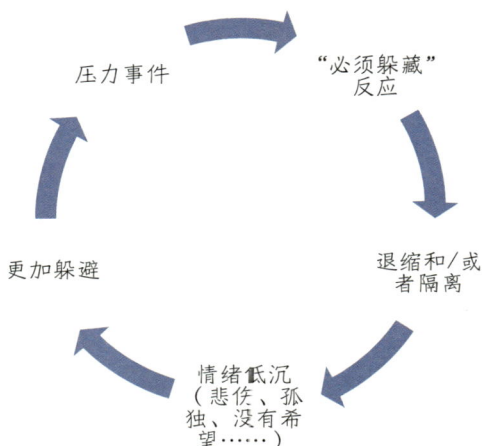

回到晓凡的故事，她的调节方案是：

"我唯一能做的事情就是拍照。于是我开始更加专注于拍照。我认为能够发现世界的美是真的很重要。另外，对我来说无论感觉如何每周我也会保持和好朋友出去吃一次饭，这是打乒乓球之外的事情。一段时间后，我重新开始感觉到找回我自己的感觉了。只是做这两件我能做的事情，即使当我不是真正喜欢做的时候也是如此。"

最后，晓凡使用了上述三种调节方法，成功地打破了她的习惯性逃避的恶性循环。

练习

帮助打破自己习惯性逃避的恶性循环，从制订你的调节计划开始。这个计划将包括：

1. 和让你感觉好的人联系。
2. 达成可行的目标。
3. 享受属于你自己的活动。

第一步，使用下面的清单，圈出一种可以和让你感觉好的人一起做的事情。

你可以在下面的空白处增加其他的方式。

做饭

出去散步

一起吃一顿饭

坐在一起聊天儿

打电话聊天儿

看一场电影

在网上看有趣的视频

听音乐

打游戏

做运动

通过社交软件聊天儿

其他。

具体打算如何实施：

你选了什么活动？

....

....

这周的哪一天你打算做?

....
....

你打算这一天的什么时间做?

....
....

你准备在哪里做?

....
....

每次你打算做多久?

....
....

你打算和谁一起做,如果有人选的话?

....
....

第二步，制订方案来达成一个可行的目标。

写下来一个可行的目标：

....
....
....

具体打算如何实施：
这周的哪一天你打算做？

....
....
....

你打算这一天的什么时间做？

....
....
....

你准备在哪里做？

....
....
....

你打算每次做多久？

....
....
....

第三步，制订方案来享受属于你自己的一个活动。

选择一个对你来说可以坚持做、做起来容易的事情。
你打算做什么活动？

....
....
....

　　具体打算如何实施：
　　这周的哪一天你打算做？

....
....
....

　　你打算这一天的什么时间做？

....
....
....

　　你准备在哪里做？

....
....
....

　　每次你打算做多久？

....
....
....

　　建议你每周完成这项练习直到你的习惯性逃避的恶性
循环减少甚至消失为止。

把自己当成一个好朋友

知识包

如果你像大多数青少年那样，你可能会感到总是处于压力中。实际上，青少年时期会遇到各种压力，例如保持学习成绩优秀，课外活动表现好，在同学中受欢迎程度高等等。有时候，你可能觉得应对压力的唯一方法是尽可能地逼迫自己。青少年普遍存在的一个想法是"如果我对自己很严厉，可能我就会做好"。

你可能想着对自己更严厉可以帮助你达成目标，这是很有吸引力的……尤其当它确实起作用的时候。可能你已经经历过对自己很严厉，自我批判、不原谅自己，甚至对自己苛刻，然后的确达成了你想要的结果（例如，数学考试成绩好）。你可能认为对自己严厉是你取得成功的原因。但是深入了解后，那并不是事实。当你的大脑中有一个重要的目标时，它经常会把成功和对自己严厉匹配起来，简单来说是因为二者几乎同时发生。但是这只是你的大脑把它们联系在了一起，并不意味着它们真的有关联。科学知识告诉我们对自己严厉苛刻并不像我们想的那样有帮助。这会让事情更艰难，而不是更容易。

实际上，结果正好相反。研究已经表明对自己更友善、给自己休整的时间、为自己喝彩的孩子，与对自己严厉、苛刻的孩子相比，会取得更好的考试成绩。另外，在把事情搞砸后对自己更友善的孩子，更容易从错误中吸取教训，在未来表现出他们希望表现的样子。如果你的大脑把对自己苛刻和取得成功匹配在一起，那是一种错误的形式。

尽管我们知道对自己友善可以让生活更好，但是我们完全不清楚要怎样做。

首先我们要打破普遍存在的关于自我友善的误解。

误解：　　对自己友善是自私

事实：　　对自己友善不仅对自己好，对别人也好。你将更有能力去帮助朋友，当他们低沉的时候鼓励他们，当他们成功的时候为他们祝贺，因为你对他们做了和对自己同样的事情。

误解：　　自我友善本质上和自尊心一样

事实：　　很多时候自尊心和自我友善同时被提及，但是它们有不同的重要性。自尊心是一种基于他人评判的自我评价，例如在多种活动中（像学习、运动或者艺术）他人评判你和你的行为。

一种自我友善的角度则是鼓励你认可自己值得被友善地对待，和其他人的评判（甚至你自己的评判）没有任何关系，和你在考试中的表现、在比赛中的表现也没有任何关系。研究已经表明青少年如果重视自我友善而不是自尊心的话，可以从艰难时刻中恢复得更好（例如在演讲比赛中收获了有价值的反馈，这与比赛成绩无关）。

误解： 自我友善大部分是关于给自己花很多钱或者做一件大事、引人注目的事情。

事实： 你可能在社交软件上看到过大量昂贵的、浮夸的所谓对自己好的方式，但自我友善是可以以你能想到的免费和简单的方式来实现的。自我友善可以是重新看一遍你喜欢的书，和宠物一起玩，开始创作你的新小说，看有趣的电影……可以通过大量免费的、简单的活动来实现。偶尔把买东西作为自我友善的练习没有问题，但是要知道还有一些引起自我友善的行为是免费的、容易获得的，长期来看对你更有帮助。

对自己友善，可以从发现你对自己怀有恶意的时刻开始。这些时刻可能不好识别出来，如果你不知道如何去找到它们。下面的线索可以起到帮助。

行为： 密切关注你的行为，或者你正在做什么（例如，散步或者和朋友聊天）。在挫折面前，自我友善会鼓励你练习自我照顾

（就像听你喜欢听的歌，读你喜欢的书，或者和朋友接触）。怀有恶意通常会不让你做照顾自己的事情，告诉你忽略朋友或者停止做自己感兴趣的事。

想法： 友善的想法听起来是有耐心的、谅解的（例如，那个孩子不喜欢我也没有关系，我觉得还有许多人愿意和我做朋友），然而有恶意的想法通常听上去是没有耐心的、不原谅的（例如，为什么我交不到朋友？因为我是一个失败者）。如果你的想法让你感到舒适，这可能就是友善的想法，如果它让你感到悲伤、恐惧、无望，这可能就是有恶意的想法。

躯体和情绪感受： 很多人对自己有恶意的时候都会有躯体感受（像胃痛或者头痛），或者出现负面情绪（像悲伤或者惭愧）。

虽然练习自我友善是有帮助的，但开始的时候你可能并没有立刻感觉好，这个时候不要放弃。觉察到你对自己怀有恶意，并不意味着你已经失败了或者你不擅长自我友善。而是意味着你有机会采取学习到的新技能，你有力量把对自己怀有恶意变成自我友善。

很多青少年想要对自己好一点儿，但是他们并不确定该如何开始。压力和挫折经常以不同的形式和大小出现，因此你练习产生更友善的想法越多越好。如果你对自己产生友善的想法有困难，思考一下当你的好朋友遇到类似的情况时，你会对他说什么。你的友善的语言支持对自己和对朋友都可以一样有用。

练习1

在本周，尝试关注一个时间，当你犯错的时候，可以是一个大错或者一个小错，在任何情况下（和朋友一起时、在学校，或者在家里）。当你注意到这个错误，认真完成下面的练习。

发生了什么？你在哪儿？你和谁在一起？

....
....
....

在犯错后你有什么样的想法？

....
....
....

想到这些后你感觉如何？

....
....
....

关于这个错误你能想到对自己友善一点儿的想法吗？

....
....
....

花一分钟时间来认真思考这个更友善的想法。尝试想出这个想法的感觉如何？对自己友善是艰难的还是容易的？答案没有对错；只是写下你的反应。

....

....

....

练习 2

在下面的每组说明中，圈出自我友善观点的一项，在自尊心观点的那项下面划线。注意：自我友善观点认为你值得，和你自己如何看待自己的表现或者别人如何看待你的表现没有任何关系。但是自尊心观点认为你值得，主要根据你自己的或者别人对你的评判获得。

第一组

1. 我知道我做到了，因为我最终跑得比自己定的目标快了 30 分钟。

2. 我知道我做到了，因为我为自己的出色表现而感到骄傲，尽管我没有和自己预想跑的速度一样快。

第二组

1. 我知道自己是聪明的，因为我在期末考试中考了班级第一。

2. 我知道自己学习不错，即使期末考试考得没有自己预想得好，我也投入时间和精力学习了。

第三组

1. 我为自己感到骄傲，因为我把自己照顾好了，现在我已经完成了和自己成为更好的朋友的目标。

2. 我为自己感到骄傲，因为在每个人面前我都表现得很坚强。

你可能已经猜到了。第一组和第二组中，自尊心观点是第一个，自我友善观点是第二个。第三组中，自我友善观点是第一个，自尊心观点是第二个。看上去自尊心观点的人好像更好。但是让我们假设这些人下次做不到的时候，他们跑得更慢，在考试中表现得更差，或者需要求助。想象一下这些人会感觉如何？

....

....

....

如果从自尊心观点转变成自我友善观点，你认为他们可能会收获什么？

....

....

....

练习 3

想一个最近在犯错后你感到对自己怀有恶意的时候。可能和你的朋友、家人、同学或者其他人有关。写下来发生了什么：

....

....

....

你怎么知道你对自己怀有恶意？让我们来找出在这种情况下你的线索。

写下来任何行为方面的线索：当你对自己怀有恶意的时候你正在做什么？

....
....
....

写下来任何想法方面的线索：当你对自己怀有恶意的时候你正在想什么？

....
....
....

写下来任何情绪感受方面的线索：当你对自己怀有恶意的时候你有什么躯体感受或者情绪反应？

....
....
....

哪种线索你认为对帮助你识别出对自己怀有恶意最有帮助？

....
....
....

下面有一个关于想法的清单，一些青少年在他们犯错或者面对压力挫折的时候会想到。重点看一下斜体字的内容，这些是自我友善的想法。记住：自我友善的想法经常包含耐心和原谅，就像一个朋友身处困境的时候你会告诉他的那样。

1. 我考试没考好……但是*没有人是完美的。这次我没有达到目标，并不意味着我是一个失败者。*

2. 我询问朋友是否可以一起出去吃饭，他们拒绝了我……我无法停止思考*我做错了什么吗？我一定出了什么问题。我非常沮丧。*

3. 自从转学后，我没有交到自己想交的那么多的朋友……*但是我知道自己身上还有很多好事发生，所以我积极地想：也许不久后自己就会交到更多的朋友了。*

4. *老实说我是一个很棒的人*……容易忘记自己没有入选篮球队，但是这是事实，我也没有办法。

5. 在作业拖延了一会儿之后，我感到超级崩溃……我没有办法把所有的作业做完。*我怎么能让这件事发生呢？我太懒了。*

6. 在作业拖延了一会儿之后，我感觉不太好……*然后我提醒自己是有能力的，我有可以支持自己的人，我相信自己。*

7. 父母离婚后我感到很伤心……*但是这就是很艰难的情况，我已经做得很好了。很多人都会感到有压力，我想我可以应对得不错。*

相信你已经找到上面的自我友善的想法了，一共有五个，现在给它们评分，1分代表对你帮助最小，5分代表对你最有帮助。

把你评分最高的三个想法写下来，也可以在便利贴上写下这三个想法，放到你经常能看到的地方（例如，镜子上、电脑屏幕上、门上）。提醒自己在生活中练习自我友善。

1.

2.

3.

练习5

下面表格中左侧一栏展示了一些青少年想到的恶意的想法。右侧一栏展示了把恶意的想法转变为自我友善的想法。把每一个恶意想法和它可以转变成的自我友善的想法连线。

朋友不理我了，我感到自己毫无价值。	每个人都会有忘记事情的时候，我要好好向他解释一下，下次要注意。
我忘记弟弟的生日了。我是最差劲的哥哥。	只是因为她今天没和我坐在一起，并不意味着她不喜欢我。另外，和我做朋友不会感到无聊，和谁坐在一起不是我能控制的。
我又考砸了。为什么我什么事都做不好？	这可能并不是某个人的原因，找出原因尝试沟通解决，也许正是我的价值所在。
我的朋友今天没和我一起吃午饭，可能她发现其他人更有趣。	每个人都会有优点和缺点，和朋友在一起可能会帮助我发现自身的缺点并改正它。
我询问别人是否愿意和我交朋友的时候，他们会同意，但是他们迟早会发现我有很多缺点。	每个人都有对他们来说艰难的事情。显然这件事对我来说是困难的，但是我可以试着向朋友或者老师求助。

加油站

练习1

　　列出一些对自己友善的方式，免费的，你几乎每天都可以做的。如果需要帮助，这里有一些可供选择的提醒：重读你喜欢的书，和宠物一起玩，开始写你想写的新小说，看你喜欢的电影……尝试列出至少三件事，可以写在便利贴上提醒自己。

1.

2.

3.

练习2

思考一下最近遇到挫折或者犯错或者有压力时，你对自己有哪些有恶意的想法？写下来一到两个：

1.

2.

下面重新把每个有恶意的想法换成自我友善的想法。（记住：你可以从思考你曾经对一个好朋友怎么说开始）

1.

2.

学会求助

知识包

　　处理艰难的想法、感受以及情绪是困难的，尤其如果大量的压力落到你一个人身上的时候。向他人寻求支持可以让你不必独自应对。事实上，研究已经表明当遇到困难的时候，社会支持可以帮助你感觉更好，产生完全不同的结果。寻求支持的关键是要找出你的支持圈子，也就是让你感到舒服的可以求助的人，下面介绍三种方法：

　　1.经常让人倾听你正在经历的事情是有帮助的。

　　倾听的人可以是好朋友、父母、亲人、老师或者任何让你感到亲近的、可以信任的人。有时候他们可能会给你新的观点，有时候他们可能和你分享同样的经历，有时候他们可能会帮你找到其他可以向你提供更直接帮助的人，比如医生。

2. 有时候你可能不能直接联系到任何朋友或者亲人，如果是这种情况，你可以找学校里的心理老师。

3. 开始的时候，向其他人寻求帮助可能会感觉奇怪，如果你从来没有这样做过。但是，和其他事情一样，通过练习会越来越熟练。在采取行动之前思考一下如何求助会帮助你在有需要的时候迅速行动起来。

加油站

练习

想一下你生活中的人，你信任的、求助会让你感觉舒服的人。写下他们的名字，在下面的支持圈子里。对你最重要的人写在圈子正中；可以提供稍微少一点帮助的人，但是仍可以提供一些指导或者积极引导的人，可以写在圈子里面靠外侧的地方。记住：你的支持圈子可以由很多不同类型的人组成，你想到的人（朋友、家人、老师、信任的人等等）。选择至少三个人写到圈子里。

下面让我们来看一下如何向他们求助吧。对圈子中的三个人，写下来几句话，可以和每个人说明你正在经历的事情的，并且向他们求助。可以借鉴下面的例子，记住：求助的方式没有对错之分。

　　向家长求助：妈妈，我们可以谈一些对我来说重要的事情吗？最近，我感觉非常不好，给我造成了很大的困扰。我在学校做事很难，不像以前经常能从学校获得愉快的感觉，和朋友在一起也不快乐。我想需要做出一些调整，但是我不知道如何开始。您觉得我找一下学校的心理老师怎么样？

　　向朋友求助：雨涵（朋友的名字），可能你感觉到最近我有意和你保持距离，和其他人也是如此。这不是因为我对你有意见或者其他什么，我只是现在正在经历一段艰难的时间。我一直感觉很不好，这对我造成了困扰。和你谈谈可能会有帮助。我们可以谈一下吗？

　　下面尝试使用你自己的语言。确保对选择的三个人中的每个人都写下来至少一句话。

　　第一个人：

　　...
　　...
　　...

　　第二个人：

　　...
　　...
　　...

　　第三个人：

　　...
　　...
　　...

"减压"小故事

明莉，15 岁

很长一段时间，我感觉自己不得不独自承受一切。我感到非常悲伤和绝望，没有人能帮助我或者理解我正在经历什么。我吃不下饭，睡不好觉。当我不再和朋友以及家人交流之后，事情变得越来越糟。

有几次我决定不能再独自面对了。于是我鼓足了勇气告诉了一个朋友我正在经历什么以及我的感受。没想到我会感到如此轻松！她听我说了很长时间，然后和我分享有时候她也会感到类似的无助。她问我她能做什么会让我感觉更好一点儿。但是，说实话，只是让她了解到我的情况就是有帮助的。现在，当我感到特别不好的时候，我知道自己可以去找这个朋友寻求支持，知道这些对我有帮助，真好！

天宇，16岁

有一天，我终于决定要为自己感觉如此不好做点儿什么了。这一周我的情绪非常低落，感到很疲惫，在课堂上无法集中注意力，讲的内容也记不住。我在住宿学校学习，平时没办法回家，于是我和班主任老师说了我的情况，他建议我去找

学校的心理老师并且帮我预约了一次咨询，一切都很顺利，不像我想的那么困难。当心理老师和我交谈的时候，我们讨论了一些可以帮助到我的方法。我仍然在为熟练使用这些方法而努力着，但是我也的确感觉更好了。遇到困难的时候要主动找人帮忙真是太重要了！

第三部分

如何科学应对
学业压力
（学习压力、考试压力）

考试或者学习时
太紧张了怎么办

小聪是名初三的学生，每当他参加考试的时候就会感觉越来越紧张，"我无法想起来曾经学过的内容，接着我就会开始想没有希望了，很快我整个人都会僵住"。甚至只是在谈论考试的时候，他的右腿也会快速地抖动，肩膀会紧绷上耸，甚至快接近耳朵了，同时他也会屏住呼吸。

这些表现和小聪在考场上的表现类似。小聪说回想考试都会让他感到紧张。分析一下他的情况，实际上是他的身体反应引起了紧张，也就是他的抖腿、耸肩、屏住呼吸引起了紧张的感觉。

这可能难以理解，明明是他的大脑在考试、

在思考、在回忆，"我好像经常抖腿、耸肩、屏住呼吸，这些和我的考试成绩有什么关系"。大家是不是也有和小聪一样的疑问呢？

这是一种常见的误解。大部分人都认为只有他们的大脑参与了考试，因为知识都储存在大脑中。然而实际情况并非如此。你的身体也是参与考试的一名重要成员，因为你一直待在考场上。如果你想要达到最好的临场发挥状态，不只是你的大脑，你的所有部分都要全部投入考试中，参与到整个过程中去。

一个焦躁不安的身体会制造出一种紧张的感觉，让你产生想要躲避逃离的冲动。身体紧张能够快速影响你的记忆力。如果是在考场上出现这种情况，记不起来学过的内容会让你迅速焦虑起来，如果不及时调整，焦虑会越来越严重，很快你就会发现自己失控了。

与之相反，一个放松的身体能够显著改善你的思考能力，唤醒记忆，顺利答出你会的题目，合理地分配时间。

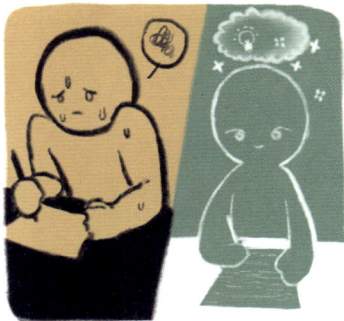

如果我们有机会观察参加考试的学生，不经意间会看到很多紧张的身体，比如后背僵硬弓起，肩膀

紧张上耸，腿抖个不停，频繁眨眼睛，握紧拳头，呼吸受阻等等。而学生本人很难注意到他们的身体状态，也不知道身体的这些表现会对临场发挥造成多大的影响。

身体往往是在考场上首先失控的部分，接下来才是你的大脑、内心以及你所有的一切。身体的紧张让你想要逃离但是你又不得不坐在那里，继续答题。当你的身体太紧张，会导致负面的想法出现在大脑中，你将会无法专注，失去信心。因此，让你的身体放松下来，你的内心也会放松平静下来了。很多人会认为先要让内心平静下来，家长和老师会这样告诫学生而学生自己也是这样认为的，然而实际情况是如何让内心平静下来或者让自己在考试中保持良好稳定的心态简直太难了，因为做不到或者根本不知道该怎么做。还有一些人在失去放松平静的时候首先想方设法让自己的大脑先平静下来，比如告诉自己要放松，要平静，不要紧张。如果你曾经采用了这样的方法，那么结果如何？这样做就是搞错了主次，在这种情况下让身体放松下来绝对不能强行依靠大脑给出的指令，内心平静也需要借助身体先放松下来才能实现，通过一系列步骤，反复训练，练习实践，最终每个人都可以做到。

练习

要保持身体放松，首先你需要学会当你身体紧张的时候能够尽快识别出来也就是觉察到这一点。

首先要练习的是觉察到身体的紧张变化。想想如果你正在开车，突然看到一个停止的标志，告诉你需要踩下刹车停下来。如果你忽略了这个提醒还在向前行驶，那么你就是在拿自己和别人的生命开玩笑。身体紧张的表现就像这个停止的标志，是身体在向你发送信号，警告你需要立刻让身体放松下来。因此，及时觉察到你紧张的状态是让你的身体重新回到正轨，投入考试中的第一步。

身体紧张的三种主要表现：

1. 呼吸改变

2. 对抗重力

3. 关闭了五感中的一个或者几个（五感：听觉、视觉、触觉、味觉、嗅觉）

呼吸改变

最常见的身体紧张的表现就是呼吸的改变。例如屏住呼吸，会立刻引起压力感受。呼吸停止了，你的大脑就会失去氧气供给，向你发出警报，对缺氧状态的自动反应就是紧急情况的报警。这不是意识层面的反应，而是本能的反应。你的焦虑水平会直接影响

你的呼吸方式。屏住呼吸或者呼吸不规律会引起恐惧反应，你的焦虑水平会立刻升高。

你的呼吸和你清晰有逻辑的思考能力之间紧密相连。屏住呼吸或者呼吸不规律会干扰有序思考过程。你的大脑就会冒出这样的想法，对未来的担忧（将买会发生什么呢……）或者对过去的悔恨（如果我不那么做就不会怎样）。当你的呼吸是平缓稳定的，你才能专注于当下，你的大脑才能自如应对眼前的任务。那是你必须要在考场上达到的状态。你必须要在现在，此时此刻回答试卷上的问题，这和你昨天干了什么或者明天你将干什么没有关系，你只需要专注当下。因此，调节呼吸是关键。

常见的紧张相关的呼吸有以下三种表现形式：

1. 屏住呼吸

2. 呼吸短促、表浅，甚至喘息

3. 呼吸不规律，节奏快慢不一

建议你找出一天来专门观察一下自己的呼吸，可以把你的观察结果记录下来，尤其是当你感到紧张、有压力的时候，观察一下自己的呼吸是否发生了变化。用这种方式来训练自己对无意识呼吸改变的关注，可以使用下面的表格来帮助观察、记录：

呼吸觉察记录单

日期： 年 月 日

时间	事件	呼吸
早晨	上学要迟到了，匆匆赶往学校	急促，喘息
中午	吃完午饭午休30分钟	平缓
晚上	做作业，有一道题非常难，解答不出来	有一瞬间甚至屏住了呼吸

对抗重力

身体紧张的第二种表现是对抗重力，或者和大地分离开。在地球上有一种稳定的、和大地紧密连接在一起的力量叫作重力。当我们双脚踩着大地的时候会很有安全感，反之当我们离开地面的时候就会产生一种失控的紧张感觉。

比如当我们感觉很紧张的时候，你身体的一部分可能是绷紧的，就像浩然，一个高二的学生，当他谈论他的考试经历的时候，他的下颌变得越来越僵硬。每次考完试他的下颌都会感觉很酸。

当你的身体有些部位感觉紧张的时候，你就失去了和大地紧密连接的感觉，你就脱离了当下，脱离了此时此刻。这像按了暂停键，你从正在做的事中脱离出来。身体紧张是种对抗重力的感觉，而重力正是让你和当下也就是此时

此刻保持紧密连接的力量。

当我们把注意力重新拉回到此时此刻也就是拉回到当下的时候，比如当我们把双脚直接放到地上的时候，我们可以感觉到重新和大地紧密连接，重新感受到了重力，我们的焦虑感就会减轻，即使事情本身并没有发生改变。重新获得感受重力的感觉非常简单，但却对缓解紧张有着很大的影响。

你在过去可能根本没有注意到什么是重力的感觉，那么从现在开始你需要培养这种觉察能力，这会让你学会重新和大地建立连接，让自己保持放松平静。观察你在考试的时候是如何对抗重力的，记录下来这些改变。为了帮助你了解你身体上习惯性的紧张部位，看一下这张人体紧张地图。然后问自己，"当我考试的时候通常哪里会感到紧张?"标出你经常会感到紧张的部位。

除了一些常见的紧张部位（眉毛、脖子、下颌）外，还有一些不那么明显的部位比如脚趾、舌头、双眼等，注意观察这些部位细微的紧张感。当你可以敏锐地捕捉到这些部位的紧张后，你就可以使月相应的工具让自己放松平静下来了。

关闭感官

身体紧张的第三种表现是关闭一种或者几种感官。味同嚼蜡的感觉不知道大家在考试前、考试中或者考试

后有没有感受过，再美味的
食物都尝不出味道，压力大
的时候除了影响食欲会造成
这种感觉外，还有一个原因
是压力本身也会引起五感关
闭，味同嚼蜡就是味觉关闭
引发的感受。

我们用视觉、嗅觉、味
觉、触觉和听觉来感受周围的世界。当五感中的一种或者
几种关闭的时候，我们就同周围的世界脱离开来，同当下
即此时此刻脱离开来。所谓味同嚼蜡的感觉是当我们吃东
西的时候我们只是把食物放进嘴里，咀嚼食物，但是我们
对食物的味道、质地、温度等的感受仿佛都消失了。当我
们把注意力重新带回到味觉、嗅觉和视觉上来后，压力会
立刻得到缓解，即使之后我们还是要参加考试。

想着你最近参加的一场考试，你的哪种或者哪几种感
官好像关闭了或者你没有意识到它，圈出来：

听觉、嗅觉、触觉、味觉、视觉

加油站　要保持身体放松，其次你需要学会使用
适当的方法让身体放松下来。下面介绍一些
工具可以帮助你放松。

通过呼吸放松

呼吸是首先要考虑使用的工具，如果你
在考试中紧张到什么都记不起来了也要记住

调节呼吸。

工具 1:　　RR 训练腹式呼吸（参考之前的介绍进行训练）

工具 2:　　握拳式 RR 训练（参考之前的介绍进行训练）

　　下次当你觉察到自己紧张的时候，把这些紧张的感觉看作是公路上的指示牌。如果你开始出汗，脑子里胡思乱想，只是把这些解读成你的身体在向你释放信号"你需要放松"。这就是在使用你的觉察能力。首先要问自己的是"我是如何呼吸的"。因为呼吸的改变是最开始诱发紧张焦虑情绪的原因。你可能已经屏住了呼吸或者你的呼吸变得很浅很不规律。这个时候要想起来立刻使用上述方法。可以从日常学习中的紧张时刻来训练自己，比如遇到难题的时候，重复多次，让调节呼吸变成习惯，变成"条件反射"。

通过感受重力放松

工具 1:　　RR 训练坐姿感受（迷你技术）

　　在有靠背的椅子上舒服地坐直，双臂和双腿不要交叉，把双脚平放到地面上，深呼吸几次，感受脚下的大地支撑着你的

双脚的感觉。下面感受你的身体坐在椅子上的感觉。感受椅子对你的双腿、臀部以及后背的支撑的感觉。如果椅子两侧有扶手，把双手放到扶手上，感受扶手对双手、双臂的支撑。感受你的整个身体被大地和椅子支撑的感觉。

　　保持一会儿，如 1 分钟，体会

这种感觉。

注意：　　在这个过程中你感觉到了你的呼吸了吗？大部分人当他们开始学习感受自己的重力的时候会忘记呼吸或者说屏住呼吸。不要这样做，你完全可以把两者结合起来，同时深呼吸并且感受地面和椅子的支撑。这是一种非常有力量的结合。

说明：　　该训练睁眼闭眼都可以做，日常使用时不要求一定闭眼。可以在日常生活中随时随地进行，每次时间建议在 10 分钟之内，可反复练习。

扫描二维码，
跟随指导语
一起练习

工具 2：　　加强版握拳式 RR 训练（迷你技术）

开始练习的时候手中紧握住一个物体。可以从软一点儿的物体开始，比如毛绒玩具，紧紧地握住它，增加握力，然后把手松开，手中的物体会掉落到地上。感受这种放松的感觉席卷你的全身。

说明：　　该训练睁眼完成，可以在日常生活中随时随地进行，每次时间建议在 10 分钟之内，可反复练习。

扫描二维码，
跟随指导语
一起练习

工具 3：　　渐进放松式 RR 训练（常规技术）（参考之前的介绍进行训练）

通过打开感官放松

让我们从视觉开始。当我们感到紧张的时候，视觉倾向于狭窄化或者局限化，通常我们不会从更全面的角度来看问题。这并不是指一种观点的局限或者全面与否，而是指真正的视觉上的差异。当你重新打开视觉后真的可以减轻压力，会感觉更加放松。这点也同样适用于其他感官。

工具 1：　RR 训练打开视觉（迷你技术）

舒服地坐好，向前看，保持头部正直，深呼吸 3 次，然后将双眼尽量看向左侧，试试看你到底可以看多远。把眼睛转回来，深呼吸 3 次。下面将双眼尽量看向右侧，试试看你到底可以看多远。把眼睛转回来．深呼吸 3 次。接着向上看，尽量向上，然后把眼睛转回来，深呼吸 3 次。之后向下看，尽量向下，然后把眼睛转回来，深呼吸 3 次。最后看向正前方，深呼吸 3 次。现在和开始的时候比较一下，注意你的视觉的变化，同样是向前看，你能看到的东西是否比开始的时候更多一些。

扫描二维码，
跟随指导语
一起练习

说明：　可以在日常生活中随时随地进行，每次时间建议在 10 分钟之内，可反复练习。

学生在参加考试的时候，要长时间盯着试卷或者电脑，这样的狭窄化或者局限化的视觉会诱发压力，然而学生们却并不会注意到这样做造成的影响。如果你没有意识到自己的紧张不安在增加，那么你可能会认为是考试题目制造了你的紧张。实际上，在考试过程中使用视觉本身就会给眼睛造成压力，同时也会影响到你的神经功能。你需要让眼睛进行短暂的休息。这个时候你可以使用上面的工具来打开你的视觉，帮助你放松。如果你担心向左右看会干扰别人，可以只向上向下转动眼睛，也可以起到同样的作用。

工具 2: RR 训练打开听觉（迷你技术）

舒服地坐好或者躺好，闭上眼睛，面带微笑，根据我的指导来呼吸。吸气，呼气的时候心里默念 1，吸气，呼气的时候心里默念 2，吸气，呼气的时候心里默念 3，吸气，呼气的时候心里默念 4，吸气，呼气的时候心里默念 5。现在，关注你的身体自身发出的声音，注意你呼吸的声音。现在将注意力转移到周围大概 3 米远的地方，在这个空间内你听到了什么？有其他人走过来吗？在你身体周围 3 米远的地方都有什么声音呢？在下一次吸气的时候将你的注意力扩展到第二层，将你的注意力转移到周围 15 米远的地方，不需要很精确的距离，只是简单地将你的注意力转移到身体周围第二层空间，在这个空间内你听到了什么声音？你能听到车辆穿过街道的声音吗？或者附近哪里有狗叫的声音。在下一次吸气的时候，将注意力扩展到向外的第三层，这次是你周围 30 米远的地方，那里有更多的声音出现在你前面或者后面吗？你能听到远处街上车辆的声音吗？或者树上的鸟叫声？在这层空间你还发现了其他什么声音？在下次吸气时，将注意力尽可能向外扩展到最大限度，听着你能听到的最远距离的声音，甚至是一些你想象的声音，你

能听到两个街区外的车辆的声音吗？如果你能听到，那么什么声音会在你能扩展到的最远的范围内出现呢？

接下来，在下一次呼气时将注意力从最远的范围带回到第三层，回到远处街上的车辆的声音，或者树上的鸟叫声，回到距离你周围 30 米远的地方，现在呼气，将注意力带回到第二层，回到距离你周围 15 米远的地方，将注意力收缩回第二层，回到狗叫声或者是车辆穿过街道的声音，现在呼气，将注意力带回到距离你周围 3 米远的地方，回到脚步的声音。

下一次呼气，将注意力带回到身体内部，来到身体的核心部位，在这个空间内你听到了什么声音？你的呼吸声，或者是你的胃咕咕叫的声音，你的心脏跳动的声音是怎样的？你能听到吗？在下一次的呼气中将注意力带回到身体的更深处，看看你能关注到的身体内部最深的距离有多深，在这个范围内你能听到什么声音？你能听到血液在血管中流动的声音吗？在这里停一会儿，将注意力停留在身体的最深处，慢慢将注意力从身体的最深处带回来，带回到心脏跳动的声音上，带回你呼吸的声音上，花一点儿时间来整合刚才的体验，同时感受刚才感受到的所有层次，开始关注你的身体在地球上存在的方式，如果感受完了，你可以慢慢睁开眼睛。

扫描二维码，
跟随指导语
一起练习

说明： 该训练睁眼闭眼都可以做，可以在日常生活中随时随地进行，闭眼可以帮助更好地专注于听声音。

注意： 如果这个工具在考场上使用不方便，比如对声音的关注反而会让你心神不宁，那么可以尝试在日常学习感到紧张的时候使用或者单纯为了放松休息的时候尝试。

你也可以用类似的方法打开你的其他感官。打开你的味觉和嗅觉，当你在吃东西的时候。花点儿时间去好好享受一下不同的味道，在咀嚼的时候感受一下丰富的食材，闻一下细微的香味。打开你的触觉，触碰接触皮肤的各种材料的衣服，比如靠近你胸部或者胳膊的衣服的材料触碰起来的感觉如何？靠近你腿部的裤子的材料触碰起来的感觉如何？如果你拿着铅笔或者钢笔，感觉一下它们的重量以及坚硬程度。

当你参加考试的时候，不要告诉我没有时间使用这些工具。要学会利用碎片化的时间来进行自我调节。比如在考场上每当做完 5 道、10 道或者 20 道题后或者在做完整张卷子要开始检查之前使用工具调节，选择你练习时效果最好、最喜欢的工具。

考试或者学习时
总是走神儿怎么办

知识包

当你想要学习的时候，头脑还是清晰的，目的也是明确的，但是当你打开书本开始工作的时候通常会发生什么呢？通常大部分人会发现自己开始走神儿。即使是之前制订学习计划，我们也都会面临走神儿或者注意力不集中的问题。可以说走神儿是阻止我们达成目标的最大的敌人。通常你会发现随着时间的流逝，你做了很多无意义的事情。而这些并没有出现在你之前制订的计划中，和你的目标也没有任何关系。

让我们来看一下什么叫作走神儿吧。首先你的注意力被转移走，然后你有点儿喜欢这么做了，因为至少现在你不需要面对眼前的学习，最后你会感到压力逐渐产生。正因为你让这么多的时间白白流逝，现在你开始变得很焦虑或者很郁闷。应对走神儿要提高专注力，专注力是可以训练的。

训练专注力简单来说要做到两件事，第一是提升觉察力。只要你在走神儿，就要及时发现。第二就是使用相应的工具让你重新回到正轨上去，并且保持专注。

培养你对自己走神儿的觉察力，关键是要在问题变得严重之前学会发现问题。这很重要，因为很多人都没有意识到自己在走神儿，他们的大脑在这个时候"死机"了或者是"跑偏"了，然后一个小时之后才恍然大悟，说"哦，刚才我没有认真听讲"。另外还有一些人意识到了他们在走神儿，但是他们会忽略它，会理直气壮地说"我的确需要离开一下，去做些其他的事情，这并不是一种走神儿。这是我必须要做的事情"。

常见的走神儿的表现：

★ 让你走神儿的活动突然间会让你感觉比学习本身更加重要。

★ 在把大部分的精力都用在做让你走神儿的事情之后，你有疲劳以及消耗的感觉。

★ 你感到紧张不安，因为你知道考试即将到来。

★ 你的大脑被各种负面的想法充斥着，比如"我不能做到这些""我不知道该怎么去做""我不知道该怎样掌控自己""我并不是很确定"等等。

★ 你并不仅仅是紧张，而是充满了焦虑的感觉。

★ 你开始失去信心，因为你又一次没有按照自己之前说的来做。

★ 其他人也开始给你造成困扰，让你失去信心，质疑你的行动力。

还有什么其他的表现表明你走神儿了呢，仔细想一想。

对于你已经开始走神儿的觉察必须发自你的内心，依靠你自己来觉察。如果你在期待或者是等待其他什么人来告诉你重新回到学习中去，那么你在依靠一个外来的力量而不是你自己。外来的力量有两个问题，第一，除非你雇一个人，否则没有人会24小时跟在你身边来观察你，发现你的问题。第二，当一个人持续在你身边唠叨，比如你的父母、老师或者其他什么人，你会感到很抗拒并且会变得很生气。没有人喜欢有人在周围持续地命令自己。

而一种内在的力量是完全不同的，它是一种想法或者是感受，是属于你自己的，是你认识到了现实中出现的问题的反应。"我现在走神儿了，我现在失去了专注力，我需要重新回到轨道上。"非常重要的是要学会向你自己指出这些来，以一种非评判式的方式指出，因为如果你批评你自己，或者是以一种造成威胁的方式，像一个愤怒的家长或者是失望的老师那样，那么你将会感觉到自己有被惩罚的感觉。"回去学习，否则你就会考得很糟糕！""我就会很生气！""你是这样一个失败者！"这些是不是很熟悉？如果你不想像跟一个5岁的孩子说话一样，那么就不要这样对你自己说。

换句话说，开始关注你自己的负面的自我对话，把它也当成是一种走神儿来处理是培养你的觉察能力的开始，

应对走神儿的好的开始。往往我们在走神儿的时候，会伴随着特定的情绪出现。一旦我们学会了去识别出这些情绪，它们就可以告诉我们正在发生什么。这对于你培养一种对于自己走神儿的觉察力是非常重要的。

在学习的过程中，你就能够弥补浪费的时间。但是，当你在考场中参加考试的时候，就没有这么多的时间了。在考场上，你需要确保当你开始走神儿的时候，你的觉察能力就开始起作用，能够尽快把你的注意力重新拉回到考试上，并且保持住。在考试中失去专注造成的主要问题简单来说就是你在浪费时间。一旦时间没有了，就真的是没有了。当你注意到了时间在流逝的事实，也为你制造了一些焦虑，让你更加难以集中注意力去答题。因此你就会变得越来越脱离正轨。可以说每一次考试都是在挑战你保持专注在一件事上、一段特殊时间内的能力。

为了帮助你培养觉察走神儿的能力，你可以对自己的走神儿做一下记录。通过做记录，你将会看到你失去了专注的情况有多么的频繁，比你意识到的或者是承认的还要多。如果不能集中注意力在你生活中的其他方面，这也是一种习惯性的表现，那么可以肯定，当你在考试的时候，这同样也会发生。

当你集中注意力的时候，其实你在让大脑做一些它并不想去做的事情，因为大脑的常态或者是说它的天性并不是集中注意力，大脑典型的状态是一直在走神儿，从一首歌的片段到你早饭吃的什么，到别人对你说的一些批评的话，到即将到来的周末你准备参加的一个让你非常感兴趣的聚会。让你的大脑始终保持在一条路上，就像是走路的时候带着一群狗，而每一条狗都想去不同的地方一样。你想按照其中一条狗的意愿走这条路，然而其他的狗并不想走这条路。让它们走上同一条路是一项艰巨的工作，最终会让你精疲力尽。你可以一直朝狗大喊大叫，当然一会儿它们可能就不会再听你的话了，更好的方式是温柔地去鼓励它们进行合作。集中注意力和专注相比听起来容易产生抗拒，当你努力地去集中注意力的时候，你会感觉正在迫使自己做一些事情，是其他人希望你这么做的而不是你自己，但是当你保持专注的时候，你的行为是自我导向的，你在和你自己进行合作，这是一种滋养的方式。

专注要比集中注意力更容易做到，你设定的目标本身会指导你需要采取哪些行动，而不是你来命令你自己。让我们来举个例子，比如你想要学习滑冰，你的腿部、手臂以及躯干这些部位都要非常熟练地掌握技术，你不能不管手臂的动作只是关注双腿来学会滑冰。如果你想要达到非常精湛的水平，这个目标本身就会指导你经过怎样的过程。因为这本身就有自己的规则，尊重这些规则，然后保持专注就可以了，这和你喜欢或者不喜欢这个过程并没有什么关系。换句话说，如果你不能保持专注，无法遵从这个过程就不可能学会滑冰。当一些人无法集中注意力的时候，经常会听到他们在抱怨在责怪一些事情，或者责怪别人，而不是他们自己。比如说屋子里的噪声，或者是期待过多的父母，或者是老师并没有很负责任。他们实际的问题是没有学会如何去听从他们内心声音的指导并依此采取行动。这和运动员参加比赛一样，伟大的运动员在参加比赛时的专注没有捷径，只能来源于反复地练习、练习、再练习。

在日常学习的时候去练习，比如在阅读的时候练习保持专注，你不仅仅是在学习丰富的知识，也在训练自己在考试的时候能够保持专注的能力。如果你平时学习的时候保持专注的练习，那么当真正参加考试的时候，就会更容易做到。保持专注是需要付出努力来练习的，并不是那样唾手可得。

工具箱

1. 停下！看一下你在做什么！

假设在周五下午的考试中你走神儿了，走神儿的内容是考试结束后你要和同学一起出去玩儿，这是多么美好的事情啊。当你神游的时候，突然监考老师说还剩下 10 分钟时间考试就要结束了，然后你就慌张地回到了现实中。你瞬间失去了对考试结束之后出去玩儿的兴趣。如果在这之前，你能够及时告诉自己"考试还没有结束呢，我的大脑让我走向了一个错误的方向，赶快停下的话"，相信糟糕的结果就不会出现了。

工具1： RR 式想象训练：停止走神儿（常规技术）

扫描二维码，跟随指导语一起练习

可以先通过调整呼吸让自己进入到 RR 状态中，然后想象着日常生活中正在做的一件事，比如在写作业，接着想象一下突然走神儿的情况，然后想象着

觉察到自己走神儿并成功把注意力拉回来的过程。

说明： 该训练要求在时间充裕、条件允许的情况下闭眼练习，帮助自己更好地专注。当然，经过反复练习，也可以在考场上简单使用并发挥作用。

这种停住是需要日常多加训练的，要训练自己形成习惯，最好当你停住的时候并不是靠大脑给出的指示来完成的，而是下意识就会这么做。注意停住就仅仅是意味着停住并不意味着思考我应该停一下。比如你已经走神儿了，偏离了原来的方向，比如你明天有一场考试，你本来应该学习，但是你却在打电话，你意识到在胡思乱想的你的确不应该打电话，但这并不能成功让你停住。你不会离开电话，或者说你不能做到。你会陷入一种自我矛盾中，犹豫不决。

为什么做这样一件小事都如此难呢？因为在你的身体里正发生着一场战争，交战双方是成年的你和未成年的你。成年的你理解这种延迟满足的意义，为准备考试留出足够的时间的重要性以及在学习完成之后再去打电话的意义；然而未成年的你想要立刻获得满足，想要去玩儿，而不是学习，想要把时间花在有趣的事情上，想要现在就享受愉悦感，而不是之后。因为未成年的你只是会对当下让自己满意、感兴趣的事情有感觉，比如说吃东西、玩玩具、和妈妈拥抱等等。要知道你内心的未成年的部分也想要一个好成绩，这一点和成年人其实没有什么区别，只是不想因为学习或者工作而做出牺牲而已。

我们在走神儿以及遇到困难的时候要学会问自己走神儿将会帮助我们实现我们的目标吗？这会让你认真思考与你的行为相对应的后果，目标导向的逻辑思维就开始工作。答案当然是否定的，那么接下来就可以使用下面这个工具了。

2. 重新和你的目标建立连接

停止走神儿只是让你停下的工具，你需要用另一个工具来指导你重新行动。

工具2：　RR 式想象训练：倾听内心的声音（常规技术）

可以先通过调整呼吸让自己进入到 RR 状态中，然后想象着日常生活中正在努力的一个目标，可以是学习目标或者其他的目标，接着想象一下突然走神儿的情况，然后倾听你内心的声音。

扫描二维码，
跟随指导语
一起练习

说明： 该训练要求在时间充裕、条件允许的情况下闭眼练习，帮助自己更好地专注。当然，经过反复练习，也可以在考场上简单使用并发挥作用。

　　这个训练中使用的工具是倾听，并且接受一种来自你内心的声音，给予你方向指导。当你第一次试着去倾听的时候，你将会听到许多声音阻止你集中注意力。这个时候你需要想一下你的目标是什么，比如为了一个考试去倾听你内心的声音，这个考试将在周一进行，倾听一下如何去和这个目标取得连接，并且在这个目标上保持专注。你的内心知道你真正需要的是什么，需要做什么。周一的这个考试在你的生活中可能并不是一个特别重要的目标，但是此时此刻它是重要的，因为它和你最终的目标——考上理想的大学有关联。哪怕是做出的一个最小的决策，都是你达到最终目标的道路上的一步，会起到一定的作用。

　　我们头脑中有很多声音，像是一种大合唱，当然会存在互相矛盾的声音。有时候这些声音同时出现。负面的声音会让我们做一些有伤害性的或者是有破坏性的事情，会助长坏习惯，告诉我们躲避责任，比如一些成瘾行为，让我们喝酒赌博以及做出一些危险的行为，告诉我们去撒谎、欺骗、偷盗。那么我们要怎样让自己避免听从这些负面的声音呢？你必须从这些声音的集合中识别出与你最终想要达成的目标相连接的声音。

往往只有一个声音是和你最终想要达成的目标相连接的，你需要鉴别一下是哪个声音。这种声音会指导你采取行动，这些行动会让你以及其他人受益，而不是对你和其他人造成伤害。

拿考试为例，你怎样能够识别出这种声音呢？

小敏是一名高二的学生，她要写一篇作文，这篇作文和她的期末考试成绩直接相关，但是她一直不能集中注意力。于是她关注了一下大脑中的不同的声音，一共有 7 个。我们把这些声音一一列出来，就会看到它们将把小敏带向不同的方向。

声音序号	声音内容	方向
1	"写些容易写的内容。"	躲避
2	"放弃吧，你永远也做不好。"	放弃
3	"你为什么会对这件事如此感兴趣？"	质疑
4	"这太难了，你不是真的想做好。"	抗拒
5	"你没有能力应对这么难的事情。"	评价
6	"你很棒！你可以完成任何你想要完成的事情！"	称赞
7	"要保证把 3 个必须提到的关键点写出来。"	行动

在这七个声音中只有最后一个声音是小敏需要选择听从的，因为它提供给她一个明确的方向，会帮助她一步步

实现她的目标。你内心真正需要的声音会指引方向，给你一些帮助让你重新回到实现目标的路上。如果它让你偏离你所专注的事情越来越远，那么这就不是那个你需要听从的声音。

听从内心的声音并不是一件容易的事情，有三种阻碍比较常见。第一种是感觉自己拥有一种权力，通常以这样的想法表现出来"为什么我就不能做些我想要做的事情？为什么我必须要听从这个声音？它告诉我让我去做一些有困难的事情，或者去面对一个有困难的任务，这是非常让人有挫败感的或者这太难了！我为什么要这么做。"第二种是不喜欢这种被控制的感觉，"我不想跟随你的指引，我想自己做决定。"第三种阻碍的形式是感觉无所谓"为什么我要自寻烦恼呢？这有什么用？我永远不会这样做！"在这三种情况下，人们通常都会把这种声音赶走，拒绝接受它的建议以及指引。训练自己能够按照内心的声音来行动可以尝试使用下面的工具。

3. 执行

只是听从你内心的声音是不够的，你必须跟随着它采取行动，和你最终的目标保持方向一致。这就需要下面的工具先通过想象完成你的任务，然后再在现实生活中采取行动。

工具3： RR 式想象训练：完成任务（常规技术）

可以先通过调整呼吸让自己进入到 RR 状态中，然后想象着为了完成一个目标你必须要做一件事，接着想象一下突然走神儿的情况，然倾听你内心的声音，最后听从内心声音的指导，开始执行。

扫描二维码，
跟随指导语
一起练习

说明： 　该训练要求在时间充裕、条件允许的情况下闭眼练习，帮助自己更好地专注。当然，经过反复练习，也可以在考场上简单使用并发挥作用。

加油站

大脑保持专注的能力是需要训练的，在RR训练中有很多都可以培养训练大脑集中注意力或者保持专注的能力，而最基本的是下面这个工具。

工具： 　RR训练词语专注（常规技术）

和腹式呼吸把注意力集中在呼吸上不同的是，练习的时候把注意力集中在一个词语或者一句话上，如果走神儿了，把注意力重新转移到这个词语或者这句话上。

说明： 　该训练要求在时间充裕、条件允许的情况下闭眼练习，训练大脑保持专注的能力，当然也可以帮助自己放松。

扫描二维码，
跟随指导语
一起练习

"减压"小故事

贝贝是一名高中生，每当她想到考试，就会进入到一种非常糟糕的画面中"哦不，我没办法考好！我无法面对考试失利！考试失利造成的损失我永远也不能够弥补"紧接着我就会陷入一些比较焦虑的想法中去，在学习了停止走神儿的工具后，"一两分钟后我突然会意识到自己正在走神儿，所以我立刻就会使用这个工具，我会停住然后问自己焦虑会帮助我在考场上有更好的表现吗？当然答案是否定的，所以我就能重新回到考试中去了。这种情况发生了几次，每一次都会很容易地帮我捕捉到自己的走神儿，然后让我自己停下来，我没有继续让负面的想法把我从正轨上拉走。"当然贝贝并不是第一次尝试在考试中使用这个方法，她已经在平时学习的时候不断训练过自己。当她坐在考场中面对考试的时候，她已经熟练地知道如何让自己从走神儿中摆脱出来了。

考试时自信心
不足怎么办

知识包

　　欣欣是一名高二学生，她第一次见到我的时候哭着说"每次参加考试，同样的事情都会发生。当我遇到自己答不上来的题时，就会变得很紧张，接着大脑开始胡思乱想……我根本就没学好……我什么都记不住……我根本答不对……我也考不上大学，我只想放弃！"欣欣沉浸在沮丧的情绪中，无法自拔。她每次在考前都非常认真地复习备考，她的父母甚至朋友们都知道她有多么努力，同学们都会向她询问可能考到的难点，但是每当分数出来时，她都会经历失落和沮丧。"和我的努力相比，其他人根本谈不上努力！"她一边说一边流泪"他们照样会出去玩，他们甚至什么都不会，但是他们就是比我的成绩高！这不公平！"

欣欣在考试中的体验就是失去自信的感觉。当你在答题的时候，你的大脑却开始出现各种负面的想法，"我什么都不知道……我答不出来……我怎么这么笨"所有的想法都是负面的，或者说都是否定的，这必然会让你感觉压力倍增，临场发挥失常。这和你考前准备得怎样无关。要想保证你的临场发挥水平，你需要自信或者对你自己做出积极的评价。你要相信你具备成功的潜质，比如你能理解学习的内容，你能回答出问题。这些评价是积极的，你也会因此而更容易取得成功。

自信是可以培养或者训练出来的，和你的大脑的工作密不可分。我们要学会培养自己充满自信的大脑。当我们不自信的时候，大脑就像一个自我对话的电台，持续播放或者制造出一系列固定的想法，针对你的内在以及外在的每一方面进行比较、鼓励、批评、评价以及判断等等。当具体到考试中，你的大脑电台可能会呈现出两种状态，看上去很矛盾，关于你自己的想法类似这样"我以前表现得不错，我数学学得不好，我总是很擅长这些，我从没考好过，我理解这道题，我不知道正确答案是什么，我的分数不会高……"持续如此。当你的大脑制造出积极、坚定、鼓励的想法的时候，类似"我已经尽了最大努力，我可以完成的，我有信心……"那么你就会拥有自信，对自己保持着一种支持的态度，和自我怀疑以及否定相比，这样的你就更容易成功。当然，大脑是否能持续稳定地制造出积极和自信可以通过训练来培养。

自信是什么？当你走进考场看到其他人都很投入的状态，你会想"他们都能做到，我是怎么了？"我告诉你是怎么了，你认为其他人拥有的东西可能根本不存在，更多的人其实和你一样，也在心中进行着负面的自我对话，想着要逃离，他们可能看上去是平静和专注的，但实际上并非如此。

你的大脑制造出的自我对话越负面，你感受到的压力就会越大。

小磊是一名初中生，他的考试成绩忽高忽低，也就是人们常说的临场发挥不稳定，当他考得比较好的时候会开心地幻想实现自己从小的梦想，考入理想大学的法律专业，因为好的成绩是实现这些的基础。但是当成绩不理想的时候，他又会陷入绝望。他学会了使用调节呼吸的方法来调节自己的紧张，但随后他发现效果只能维持一会儿，之后他还是会持续地产生对自己的负面评价，最终导致完

全失去自信，彻底崩溃。

小磊的问题是很多刚开始学习并且在现实生活中使用这些方法的朋友们常常遇到的。

常见的关于考试的负面想法（认知）往往包括下面这些：

怀疑自己

你大脑中的自我对话常以这样的词语开头"我不能，我不会，我不是……"比如"我不能考好，因为我爸都说我不擅长数学。"你怀疑自己的能力，没办法集中注意力想别的，尤其是在考场上你最需要想起来的关于问题的答案。

相信自己有问题

这些想法类似"我一无是处，我是一个失败者，我一定有缺陷，我们家没人擅长考试，我妈说我小时候撞到了头，这是我总考不好的原因……"你对这些证明你有问题的想法深信不疑。

对过去后悔

你被自己过去做过或者没做的事情逼得喘不过气来，诸如"如果我没有看错重点，我不会考砸。"你总是责怪自己。

想象着最坏的结果发生（预测未来）

你的负面想法延展到了对未来的猜测上，"考试的时候，我就知道结果会怎么样。"这会让你产生放弃的感觉，感觉做什么都没有用。

害怕丢脸以及受到惩罚

你想象如果考不好，父母、老师或者朋友们的反应。你想象着听到他们说"你又考砸了？你怎么回事？再笨的孩子都考得不错！"或者爸爸对你说"我在你这个年龄从没考过这样的分数，你怎么解释？"这些都会让你的负面感受爆棚。

担心历史会重现

如果你在过去参加某次考试的时候遇到过问题，你可能会想着这次会重蹈覆辙。

思维混乱、记忆力下降

当你参加考试的时候，发现和你之前学习的时候不同，思路不清，脑子里一团糨糊或者大脑一片空白，回忆不起来学过的内容"天呐！这是怎么了！我之前从没见到过这些！我什么都记不起来！我什么都不会！"

其他可能

可能还会有其他负面的想法出现在你的脑海中，那么把它们记录下来，关键不是记住这些负面想法的分类而是能够及时把它们识别出来。

工具箱

　　舒服地坐在椅子上，做 3 次深呼吸，当你感到平静后，对左侧的每个分类，对应右侧的问题，找出符合你的情况，写出答案。

分类	问题		回答
自我怀疑	你对自己以及自己的临场发挥能力表示过怀疑吗？你会对自己说什么？会以"我不能，我不会，或者我不是"这样的句式开头吗？		
相信自己有问题	你觉得考不好是由于自身存在的问题，试着写出三个问题。		
对过去后悔	你对自己过去在考试中的表现感到后悔吗？试着写出三个方面。		
想象最坏的结果	如果你考得很糟糕，想象一下你最害怕会发生的事情是什么？试着写出三件事。		
害怕丢脸以及受到惩罚	如果你考不好谁会失望或者生气？他会说什么或者做什么？试着写出三个人的反应。		
担心历史会重现	过去在考试中发生过什么事会让你担心再次发生？试着写出三件事。		
思维混乱，记忆力下降	描述一下在考场上当你胡思乱想时，经常会出现的想法，试着写出三个。以及是否有记忆力下降的情况发生？		
其他负面想法	你的大脑中有其他种类的负面想法出现吗？如果有，把它们写下来。		

你告诉自己你不够优秀，不会成功，然后你就真的没有成功。你坚信自己的临场发挥不好，然后你的临场发挥就真的很糟糕。你在生活中不断重复，你的大脑中一直充满了这些想法，好像你在坚持着这些想法。作为参与考试重要一分子的大脑都坚信你是如此差劲儿，你又怎么会取得成功呢？

如果你缺乏自信，那么首先要识别出负面的自我对话，每个人都有，这是属于我们自己特有的"我不能，我不会，我不是……"你首先要做的就是找出它们。

看一下上面你写出来的负面想法清单，找出3到5个最常出现的，最有代表性的，下面我们要针对这些想法采用帮你建立自信的工具，进行处理。

工具1： RR式想象训练：吐露秘密（常规技术）

可以先通过调整呼吸让自己进入到RR状态中，然后想象着在一个房间中你的对面坐着一个你可以依赖的、可以向他吐露秘密的人。告诉他之前你想到的那个负面想法，不要有任何隐瞒。目睹这个人听到了你说的所有秘密的过程，不带有任何责备、评价或者判断。

扫描二维码，
跟随指导语
一起练习

说明： 该训练要求在时间充裕、条件允许的情况下闭眼练习，帮助自己更好地专注。当然，经过反复练习，也可以在考场上简单使用并发挥作用。

让我们看一下在练习的时候发生了什么。首先，你看到了对面椅子上坐着的你想吐露秘密的人，下一次如果你做同样的练习，可能这个人会变，但是请相信这个人就是此时此刻你最想向他吐露秘密的人。有的时候可能对方并不是一个人，而是一只猫或者其他动物（物品），没有关系，遵从你自己的内心，在此时此刻，把猫当作倾诉对象就好。这个练习就像在深呼吸一样，吐露秘密的过程就像呼气，你吐出了一直保守的秘密，才能吸进新鲜空气。

一旦你完成了这个步骤，你也就为使用第二个工具做好了准备。

工具 2： RR 式想象训练：获得积极反馈（常规技术）

可以先通过调整呼吸让自己进入到 RR 状态中，然后想象着在一个房间中你的对面坐着一个你可以依赖的、可以向他吐露秘密的人。告诉他之前你想到的那个负面想法，不要有任何隐瞒。目睹这个人听到了你说的所有秘密的过程，不带有任何责备、评价或者判断。接下来，这个人要做出反馈了。

扫描二维码，跟随指导语一起练习

他会对你的倾诉进行一些积极的反馈。

说明： 该训练要求在时间充裕、条件允许的情况下闭眼练习，帮助自己更好地专注。当然，经过反复练习，也可以在考场上简单使用并发挥作用。

让我们看一下在练习中发生了什么。首先对面坐着的这个人给予你反馈了没有？注意这些反馈一定是准确、真实以及积极的，不能像这样"你是世界上最棒的！你是超人！你能永远不出错！"这些夸大的话会起到相反的作用，可能让你脱离现实。他的反馈一定要是一些已经被证明了的、只是因为你被负面想法包围着而被你忽略或者遗忘的你身上原本就具备的东西。

开始学习用积极的自我对话来滋养自己，就像吃健康的食物对身体的作用一样，这是健康的精神食粮。下面你可以使用第三个工具了。

工具3： RR式想象训练：设想小的、可以做到的行动（常规技术）

可以先通过调整呼吸让自己进入到RR状态中，然后想象着日常生活中自己采取一些小的、可行的步骤来完成目标的过程。

扫描二维码，跟随指导语一起练习

自信要履行到你的行动上而不只是说说而已，而这些行动首先要在脑海中执行，你需要看到自己做到了之前认为无法做到的事情，这会在你的脑海中种下自信的种子，在现实生活中生根发芽。

说明：　　该训练要求在时间充裕、条件允许的情况下闭眼练习，帮助自己更好地专注。当然，经过反复练习，也可以在考场上简单使用并发挥作用。

小涛是一名 15 岁的男孩，他在做上面的三个练习时的经过是这样的，他看到了他的倾诉者，一位他非常喜欢并且尊重的老师，这位老师给他的反馈也是好的、积极的，比如"小涛，你之前遇到比这次更难的考试也考得不错"他接受了这些反馈。但是当他使用第三个工具的时候，设想小的、可行的步骤来采取行动的时候却遇到了困难，他睁开眼睛，无法继续。因为他想到的每个步骤都太大太难，像翻越高山一样难以实现"我做不到！"小涛打算放弃了，"要复习的内容太多了！"他说。

接下来我们一起针对他可以做到的关于考试的可行性方案进行了讨论，最后达成一致如下：

1	放学回到家，8 点之后不看手机，关上自己房间的门，以 30 分钟为一个时间段来复习 1 到 3 页内容，根据每页内容多少来定。
2	复习 30 分钟后，休息 5 分钟。
3	重新进入下一个 30 分钟的学习时间段，直到晚上 10：30 睡觉。

这些小的步骤帮助小涛把山一样难以完成的任务分割成小的、可以做到的事情，这样他就不会感到有压迫感了。同时，这样的复习方法也有利于大脑更好地理解和记忆。小涛很好地完成了第三个工具的练习。他看到他自己成功地开始并且完成了每一小步。第三个工具并非实际进行考试的步骤，而只是设想或者想象着你怎么做。换句话说，通过想象，你看到自己成功地进行着迈向目标的每一步。如果你不想依靠运气取得考试的成功，那么就尽量投入积极的想象中去吧。设想你取得成功的每一小步将会成为你最终取得成功的重要助力，因为这会增加你积极的感受，就像为你的"乐观银行"增加存款那样，你存入的钱越多，你就越富有，当你在考场上遇到难题的时候就会拥有越多的资本去应对。如果你曾经有过考试失利或者临场发挥失利的经历，因此而打击自己，那么你需要改变你的应对方式，这种改变首先是要发生在你的大脑中的，发生在你的想象中的。

学生们备考的时候一个最大的问题是会感觉时间不够，因为要看的内容太多，根本无法完成。这是我听到的有关备考的最常见的抱怨。就像小涛的例子，如果盯住整个任务，毫无疑问会让你感到压力大得像山一样。你唯一可以做的就是在一段时间内只做一件事，向前迈进一小步。如果你做到了，那么最终你会积少成多，一定会有收获。另外，事实是大部分考试即使在考试前不吃不喝，你也不可能看完所有的内容，尤其是大考，更是如此，想着全部看完并且记住全部的内容，只是大脑在巨大的考试压力下产生的不安全感制造出的陷阱而已。了解了大脑的这个特点就不要让自己陷入其中，增加不必要的压力。

除了上面介绍的工具外还有一些情况需要用到工具4、工具5。在考场上有时候我们会遭遇闯入者，这个闯入者是指闯入性思维。即使你是自信的，闯入者也会一次次闯进你的大脑中试图干扰你并且让你失控。这样的闯入者可能是一个特别的负面想法或者是突然出现的没有想到的想法。它可以表现为不同的形式，比如：

一种考试进行到目前为止对于你的表现给予非常负面的评价
一个关于考试你曾经失败或者表现非常糟糕的记忆
一种对你会不记得学过的内容的担心
一种对你将不会成功的恐惧
一种对其他人将如何看你的担忧等等

因为这些闯入者不会事先报警，在你需要保持最佳状态的时候它们很容易会让你感到沮丧，你会非常容易被这些闯入者纠缠住，没完没了。

当你在思考一道难题的时候，你的内心却在进行着一场战斗"你做不出来"负面的战队在叫嚣；"我当然可以！"积极的战队进行反击；"不，你永远不能做到！"；"可以，我可以！""这没用，你马上就要失败了！""我不会失败，让我清静点儿！"……随着战斗的进行，时钟也在滴答转动，你宝贵的时间在流逝。这种和考试无关的，脱离正轨的情况会制造出额外的压力。为了尽快摆脱大脑中的混战，你需要一种紧急情况应对工具。当闯入者出现在你的大脑时，你需要尽快把它们赶走。

工具 4：　　RR 式想象训练：清理大脑空间 1（常规技术）

　　可以先通过调整呼吸让自己进入到 RR 状态中，然后想象着清理大脑空间的过程，比如想象着你有一块橡皮，用这个橡

扫描二维码，
跟随指导语
一起练习

皮把你大脑中所有的负面情绪、消极想法以及悲观画面都擦掉。

说明： 　　该训练要求在时间充裕、条件允许的情况下闭眼练习，帮助自己更好地专注。当然，经过反复练习，也可以在考场上简单使用并发挥作用。

工具 5： 　　RR 式想象训练：清理大脑空间 2（常规技术）

　　可以先通过调整呼吸让自己进入到 RR 状态中，然后想象着清理大脑空间的过程。比如把大脑空间想象成一间房间，想象着使用工具来清扫这个房间，如果有闯入者也可以使用这个工具把他清除出去，比如用扫帚把他扫出去。

扫描二维码，
跟随指导语
一起练习

说明： 　　该训练要求在时间充裕、条件允许的情况下闭眼练习，帮助自己更好地专注。当然，经过反复练习，也可以在考场上简单使用并发挥作用。

"减压"小故事

　　任何重要考试都会挑战你的自信，因为它会给你带来从未见过的题目，它会考察你将知识运用到不熟悉的题目上的能力，你需要大脑高效地思考而不是对你说一些无关紧要的话。悦悦的例子正好说

明了这一点，她刚参加完中考，"当我考数学的时候，遇到一道不会的题，我想我永远解答不出来这道题了，这让我很绝望，我确信分数将会很可怕，我也不可能考上理想的高中了。幸运的是，当我意识到我的大脑正在说这些话的时候，我做了几次腹式呼吸让自己平静了下来，然后使用了建立自信的工具。"

"当我想象着可行的答题小步骤的时候，我发现了解开这道题目的突破口。虽然我还是不知道自己是否能够回答正确，但是我能够把考试进行下去并且不至于崩溃了。这对我来说是个巨大的进步。"之后悦悦也谈到了她想到的可行的答题小步骤到底是什么，她回忆说"首先我放慢了读题速度确保自己能够理解这道题到底是在问什么，接下来，我在题目中所有熟悉的内容下面画上了横线，结果在实际进行这个步骤的过程中我发现了解题的钥匙。最后，我看了看四个选项，排除了其中的两项有明显错误的，在剩下的两项中选择了我更倾向的选项。我也在这道题目上画上了圈，以便如果有剩余时间可以回来重新思考。最后我的确还有空余时间，于是就回来重新看了一下这道题，感觉自己之前的选择还是对的。"

悦悦的每一个步骤都很具体，都是小步骤，通过这样的方式，之前貌似不可攻克的难题最终也找到了突破口。通过使用建立自信的工具，将自我怀疑的念头打消后，悦悦来了个彻底的反转。

"减压"小故事

佳宜是名 14 岁的女孩，她非常害怕考试。在交谈中，我发现她的大脑会持续被负面影响的形象所干扰，比如老师站在她旁边，叹气、摇头，说她怎么可能考好之类的话，或者她不喜欢的同学站在她面前朝她翻白眼，嘲笑她的考试成绩之类的。

每当这个时候，佳宜就会感到非常沮丧，心里想着她不能完成考试。显然这些闯入的想法充斥着她的大脑，让她无法完成手头上要做的事情，也让她本来具备的能力无法正常发挥出来。当佳宜学习

了工具5后，她第一次尝试的时候，自然而然地创造出了属于她自己的工具——一把有力量的水枪，可以把任何阻碍她的东西冲走。

当佳宜在考试的时候使用这个工具来应对突然闯入大脑中的想法之后，她就能够专注在考试这件事上了，这大大地提高了她的临场发挥水平。更重要的是，她意识到的确有一股力量埋藏在她的身体中等待被发掘，她只是需要被鼓励，使用一种工具来打扫她的空间，发挥出她的力量而已。很多朋友都在这个训练中发现了属于自己的工具，比如吹风机、电风扇、巨大的扇子等等。无论什么，只要是你自己创造出来的都可以。

学会在学习中
给自己设定休息时间

学生们或者家长们通常认为学生的每一分钟都应该用在学习上，直到最后走上考场，或者直到他们再也受不了了，其实没有必要这样。在认知功能方面的研究也就是研究一个人是如何思考以及如何学习的，研究结果表明最佳的学习效率所允许的持续学习时间是在 20 到 40 分钟之间，最长不超过 40 分钟。这是一个比较理想的时间长度，用来理解、消化并且保留住学到的内容。因此，进行适当的休息会帮助你达到更好的学习效果。现实中，学习两到三个小时不休息对于大部分学生来说都是常态，但是鲜少有人知道这并不高效，并且可能会因为过度消耗一个人的精力而引起慢性疲劳。

举个例子，晓丹是名高三学生，学习非

常努力，在居家期间每天也都给自己安排了 12 个小时的学习任务，结果不到一周就出现了白天一学习就犯困，一学习脑子就转不动的现象，用她自己的话说她现在都不敢再学了，不敢学还不得不学，饱受煎熬。这种就是用力过猛，欲速则不达。因此在紧张的学习过程中要学会科学休息。

工具箱　　如果可以自己安排学习时间，那么给自己准备一个可以计时的工具，比如钟、表或者计时器，每次设置 30~40 分钟的学习时间，然后中间休息 5 分钟，在这 5 分钟里可以甩甩胳膊，甩甩双手，或者站起来走一走，拉伸一下身体或者喝点儿水。然后再重新设定 30~40 分钟继续学习。注意在重新开始学习时，先坐下来，坐直，接着做 3 次深呼吸，给大脑补充充足的氧气，再投入下一阶段的学习中。

通常经过三个 30~40 分钟的循环之后，可以设置一个稍微长一点儿的时间休息，比如 15 分钟，在这 15 分钟内，除了可以做 5 分钟休息的时候做的事情外，也可以吃点儿补充能量的零食，比如坚果、水果等。

这种方式会让你更持久地学习，并且你很有可能会喜欢上学习，享受其中。总结一下就是：学习 30~40 分钟—休息 5 分钟—深呼吸 3 次—学习 30~40 分钟，请务必记住这个方式，努力将其运用在你的学习和复习过程中。

　　设置休息的计划并且让自己知道这个计划具体是怎样的会让你平静地进行学习，而不是让你有在消耗透支的感觉，因为你不知道什么时候该休息，好像没有尽头，直到疲惫不堪。

　　在学习计划中进行规律休息的设置，也不会让你感到内疚。你会按照自己的计划去执行，因为你已经学习了一定的时间，所以你应该休息一会儿。在休息之后会感觉更好，更加投入地重新回到学习中去，因为你知道还有下一个休息在等着你，这会为你打造一个良性循环。不要小瞧这些制定学习计划中的小窍门，这会持续地给你充电，让你感觉更好地去学习、复习，显然比压得喘不过气地坚持学习、复习效率更高，效果更好。

　　有一种情况大家要注意，有些学生，他们并不相信自己可以进行这样的休息，因为按照以往的经验，本来安排休息5分钟，实际情况经常会导致一个小时甚至更长时间甚至整个下午的荒废。在这么长时间的休息之后，阻力会产生，他们就不想再重新去学习了。他们经常说的话就是如果我离开了桌子，去做其他事情，那么我就不会再回到桌边了。是的，这确实是经常发生的事情。但是你可以训练自己摆脱这种不良的习惯。重点是要在进行休息后学会如何重新回到学习中去。如果你长时间地强迫自己去延长学习时间，你的效率势必会下降，通常是在 40 分钟之后就会出现这种现象。如果你感觉你在和自己的意志力进行斗争，那么你的意志力也会变得薄弱。这样你短暂的休息就会变成长时间的休息。因此，也要训练自己能够在进行短暂的休息之后，重新回到学习中去，比如在身边一眼能看到的地方贴上便利贴提醒自己重新回到学习中去，反复练习。

不同考试的"减压"策略

工具箱

在开始任何一场考试之前，比如你在教室里和其他同学们一起坐着，或者是你已经在另外一个独立的房间中，或者是你在等待区和其他参加考试的人在一起，无论你在哪儿，在等待一场考试开始的时候注意以下两件事：一是尽可能少和其他人互动，如果一些人想要过来和你聊天的话，可以礼貌地对他们说请在考试之后再聊，现在你需要一段安静的时间。因为如果你和其他人聊太多，可能会被卷入到考试焦虑的情绪中。二是要让自己放松下来，使用学习到的一些放松的工具，比如调节呼吸。同样也要记住，适度的紧张恰恰是你需要面对考试的一种力量，不要忘记耶克斯－多德森定律，适度的压力将会帮助你创造最好的临场发挥。下面我们一起来看一看不同考试的"减压"策略。

纸笔考试

这是最常用的一种考试形式，你要坐在椅子上，回答试卷上的问题，而且有时间限制，即你要在指定的时间内完成考试，光是这一点就足以让一些人感到紧张了。下面介绍一些纸笔考试中可以用到的"减压"策略。

1. 在考试开始之前使用工具

在考试开始之前，做几次深呼吸，感受你的双脚放在地上的感觉。可以事先设想一下考试的全过程。如果你仍然感到紧张或者是脑海中一直有消极的自我对话，比如"我不能，我做不到，我不是"，那么立刻采用一些工具让自己保持自信，想象一个你信任的人对你说出鼓励的话，然后想一想接下来你需要去做的每一个步骤，那么你将会为自己的考试营造一种好的开始。接着看一下眼前这道题目，全身心投入答题中去，保持专注。当你读到这儿的时候可能会想我没时间做这些，在考试的时候这是一种常见

的顾虑。但是使用这些方法并不会占用你很多时间，从结果的角度考虑也远比你紧张地参加考试要好得多。如果之前你反复演练过这些方法，已经能够熟练地掌握它们，那么当你参加考试的时候，就会知道如何快速并且高效地使用它们。

2. 在考试过程中使用工具

在考试进行过程中，坚持使用一些放松工具，尤其当你碰到难题的时候，或者当你不知道答案的时候，比如呼吸，感受重力以及打开感官。使用自信的工具让自己保持自信，并且设想小的可行的步骤来执行。通常难题会像一个结，需要很耐心地去对待并且解开。如果你开始走神儿，或者发现自己做出一些无用的动作，比如开始四处张望，那么立刻使用专注的工具停下走神儿，并且将注意力集中到你正在做的事情上，听从你内心的声音的指引，然后采取行动把自己重新和目标紧密联系在一起。

3. 在考试过程中重新唤醒自己

在考试过程中非常重要的是能重新唤醒自己，因为考试是一个需要消耗能量的过程，大家一般都是始终保持紧绷的状态而不是在考试过程中恰当地每隔一段时间让大脑重新启动，也就是所谓的重新唤醒自己。往往重新唤醒自己会激发新的想法，让你解锁不会做的难题。那么，怎么做呢？其实通过周期性地使用迷你训练的方式就可以做到，而且不会浪费大量的时间，比如每隔 15 分钟就可以休息一下眼睛，几秒钟就

行，具体方法是：轻柔地将双手覆盖在双眼上方，不要碰触到眼睛。然后，在你所制造的黑暗中，重新睁开眼睛，保持这种姿势，保持你的双手覆盖到双眼上大概 10 秒钟，然后深呼吸 2 到 3 次。

这是一种方便有效的能够休息眼睛以及重新激活神经系统的方法。你也可以使用之前教过的打开视觉的方法，让头部保持正直，然后缓慢地、向不同的方向转动眼睛。另外，拉伸身体也是非常有帮助的。你可以在椅子上坐着拉伸身体，不需要站起来，比如轻柔地前后左右转头，然后去抖动一下双手和双臂。如果你安静地使用这些轻微的拉伸，并不会影响到周围的人。如果可以的话，每隔半个小时就做一些拉伸，根据你的实际情况来安排。

4. 把注意力集中到自己身上

当你在考场上和其他人在一起的时候，非常容易四处张望，看看其他人在做什么。他们会不会觉得题目很简单呢？我是这里唯一一个很紧张的人吗？和我相比他们做得更快，他们会更早答完题吗？当你在思考这些问题时，它们正在一点点影响着你的考试专注力，事实是其他人在做什么并不会帮助你来通过考试。

15 岁的子宁和我分享过他在考试中经历的一件事，他看到周围有个同学在考试只进行了半小时之后就交了卷子。他当时想"我的天哪，他是怎么能这么快答完的，我只答了一半"。这个想法一直让他感到非常紧张，甚至不能很好地集中注意力做完剩下的题目。通过和其他人的表现相对比，子宁的自信受到了很大的影响。后来他才知道那个同学只是因为吃坏了肚子，不得不提前离开教室。这就是比较引起的压力。在考场上你只需要将注意力放在自己身上，无论你看到其他人在做什么，都和你没有任何关系，保持专注，才能创造最好的临场发挥，而这完全可以通过反复训练做到。

5. 难题处理

考试中当你遇到一道难题时，可以先把这道题标记下来，然后继续答题。在纸笔考试中，你可以重新回来再看一下这道题。但是用电脑答题可能就没办法重新回来了。在高度紧张的时候需要安排先做些其他的事情，比如先回答其他题目，这些问题可能会给之前的问题一些提示，给予你新的灵感。

"减压"小故事

佳倩是一个活泼的 16 岁女孩，她的困扰是在考试中碰到难题的时候，会感到非常紧张，往往什么都想不起来了。当我们一起来分析她的经历时，佳倩发现是自己身体的一些感受在影响着她的大脑产生负面想法"我会感到胸闷，接着我就什么都想不起来了，然后我会告诉自己我做不到。"这样她的胸

部反应就更明显了，甚至会有憋气的感觉。通过训练，佳倩学会了在看到一道难题的时候，第一时间去调节呼吸放松身体，她比较喜欢做的是握拳训练，感觉这样做胸闷的感觉很快就会缓解，而她的身体也不会继续影响大脑了。接下来，她会给自己一些积极的鼓励"你可以找到答案，你以前经历过这种情况，你以前看到过类似的题目……"这会大大增强她的自信，帮助她在这道题上保持专注，不会因为一些负面的、自我打击式的想法而分心，她也就学会了将注意力重新拉回到这道题上的方法。通过使用这些工具，佳倩连续几次在正式考试中成功缓解了压力，不再像以前一样手足无措了。

计算机考试

计算机考试是现在越来越流行的一种标准化考试方式，要求在指定时间之内坐在电脑屏幕前完成答题。和纸笔考试相比，计算机考试有一些独特的特点需要注意，否则会增加额外的压力。

1. 在正式考试之前，最好能够进行一次模拟演练，让自己坐在电脑前熟悉考试的流程。比如要坐在电脑屏幕前操作鼠标作答，有时候要在一个带有隔断的独立空间之内作答。

2. 在考试之前，要明确一下你是否能够重新回到之前的题目上重新作答或者修改答案。许多计算机考试中，你是不能够重新回到之前的题目上的。所以在考试之前要了解一下考试的规则，减少突发状况造成的压力。

3. 注意你的姿势。在计算机考试中往往非常容易身体向前弯曲，甚至贴近屏幕坐着。这些紧张时才会采用的姿势并不利于我们思考作答。你不是在看电视或者玩游戏，所以不要用这样的姿势来坐着，保持后背以及脖子挺直，但不是僵硬的。然后把双腿轻松地放在地面上。

4. 有规律地放松眼睛。你的视力在这种考试中会受到考验。电脑屏幕很容易让眼睛感到疲劳。你需要有规律地放松一下双眼。

口试或者面试

与纸笔考试和计算机考试相比，口试或者面试对参考人有些特殊的考验。在纸笔考试和计算机考试中，你是对已经出好的题目进行作答，你并不认识出题者或者不会见到出题者，当然也有可能是计算机在给你出题，然后对你的回答进行评分。但是在口试或者面试中却是另外一个样子，你要面对着一个人或者一群人，然后直接和他或他们进行对话，他或他们现场为你的表现进行评分。这会让人更加紧张苦恼，因为对许多人来说只是被别人盯着看，都会感到紧张不适，更不月说还要去思考如何回答问题了。

另外，口试或者面试的考官除了对你回答的内容进行评判外还要考察你的现场表现，有时候还需要把你和其他人进行比较。面对这些挑战，下面的建议会帮你从容应对。

1. 使用工具让自己放松

当你进入到考试的房间中坐下之后，立刻要使用工具让自己放松下来，你可以采用腹式呼吸，感受你坐在椅子上被椅子支撑的感觉，然后打开你的视觉，可以看一下这个房间的样子，主考官穿了什么以及其他你能够注意到的细节，让自己尽快对这个

新环境熟悉起来。

2. 确保你理解了问题

有些时候问题并不是很清楚，甚至这样设置也是考试中用来考验你的环节。不要害怕说出你想重新回答一下这个问题或者是想要询问一下你不是很确定问题。这种情况下，你最好通过询问来明确，这往往比你使用一种不是很准确的回答要更好。

在一些口试或者面试中主考官不能说话，所以问他们问题可能会没有回复。如果你之前没有准备好，这将会造成一些困扰。所以在考试之前要仔细阅读考试规则，或者是询问一下相关人员。这样你能够了解是否被允许提问。如果你问了一个并不是很确定的问题，但是主考官并没有很明确地回答你，那么建议你这样来说"我认为这个问题是在问……"

3. 作答前使用工具，思考一下再回答

口试或者面试中并不只是要求你说出正确的答案，考官们也在评估你的举止以及你回答问题的逻辑性，因此不用回答得太快。在听到问题之后停一会儿，你可以使用这样的话语"我需要一点儿时间来整理一下我的思路"，然后进行几次深呼吸，思考一下你想要怎样回答这个问题。当你想到答案之后，在回答之前也可以停一会儿，做几次深呼吸，帮助你调整状态。事实上，在口试或者面试中人

们做的流程往往是相反的，他们先回答然后再进行思考，接着就会感觉呼吸急促。在口试或者面试中，你需要保持平静自信以及专注，从容作答，没有必要着急。

4. 反复练习

如果你在为口试或者面试做准备，你一定要练习在陌生人面前大声地回答问题。你需要通过这种方式来思考，然后进行作答，这是你在参加口试或者面试前的必经之路，同时你也将会了解回答一个问题大概需要多长时间，做到心中有数。

对于口试或者面试回答时间的把控是个需要预先考虑的问题，通常你给出的答案要么太短，要么太长。比如你可能只给出了一个简略的答案，没有涵盖所有的知识点；或者是一个冗长的答案，说了很多无关紧要的内容。和朋友、家长、老师或者学习伙伴来进行练习，让他们给你一些特定的反馈，比如你的答案是不是足够清楚，你有没有回答问题的关键点，你是不是说得太少或者是太多，你有没有和主考官保持连接，所有的这些都需要时刻记住辅助呼吸调节，简单地深呼吸就可以，关键是要熟悉流程，养成呼吸—思考—呼吸—作答，类似这样的应试习惯。当你

在思考并说出答案的时候，始终注意和身体保持连接，记住使用放松工具；和你的大脑及内心保持连接，记住使用建立自信以及保持专注的工具。在口试或者面试中，你坐在考生的位置，坐在一群对你"指手画脚"的人的面前，他们知道问题是什么，而你可能一无所知。你的临场发挥情况一目了然，因此你比以往任何时候都需要将自己的身体、大脑以及内心调节到协调、平衡、统一的状态。

5. 不要害怕修改答案

有时候你会意识到你之前说的答案存在错误。如果发生了这种情况，立即停下来，你可以说"我想要纠正一下刚才的答案""我想要重新开始"。当然，要在时间以及考试规则允许的情况下进行。有时候，过于紧张，当你发现错误后会试图去掩盖错误。这么做并不是明智的，大家都会犯错，及时纠正就好，这并不会让你看起来很愚蠢。

6. 对于考官的行为不理解，要做好应对

回答问题的时候，考官的行为会对你造成潜移默化的影响，这是一个需要注意的问题。你需要知道，无论考官做什么说什么，并不一定是他们对于你当下表现的直接反应。通常这可能只是他们的习惯，或者是他们被要求表现出来的表情，比如不做出情绪性的反应。有的时候考官们也不能够很好地控制自己的行为。他们可能也会觉得无聊、饥饿、疲劳，或者是因为其他人感到烦躁。做好你自己要做的，保持放松平静、自信、专注，回答问题就好。

口试或者面试与纸笔和计算机考试相比，压力可能在短时间内更大，可以使用下面的练习来提高应对能力。

练习1　面对考官保持专注基础练习

找一个朋友，让他坐到你的对面，倾听你诉说一些事情，比如可以是今天发生的一件事。他的任务是在你说话的时候，冲你做出一些表情。有时候他用微笑来表示同意，有时候可以皱眉、做些不经意的动作或者偷笑，甚至用那种大笑的方式来表示不赞同。他还可以表现得像要睡着了一样。你要做的是继续诉说不能停，并且努力不被他所做的任何表情或动作所干扰。

因为这并不是真正的考试，所以你可能对对方做出的表情感到好笑，但是在真正的考试中，考官的这些表情和行为往往会让人感到紧张，甚至会使你忘记问题的答案。考生们开始不由自主地解读考官的表情和行为，好像这很重要，比如"他在向我微笑，太好了，这一定意味着我做得很好"，或者是"哦不，他在摇头，我表现得太差了"。根据这些解读，参加考试的人开始调整他们的答案，改变他们的答案，试图来让考官表示赞同。其实这个时候正在参加考试的人就已经不再专注，也不再把他们的注意力放在应该放的地方即放到回答问题上，也就是已经脱离正轨了。

不要让考官的行为干扰甚至误导你，时刻记住你的任务就是根据问题本身来进行回答，而不是根据自己发现的这些所谓的线索来判断考官的想法。

练习2 面对考官保持专注加强练习

找一个朋友，让他坐到你的对面来扮演考官，要求和练习1一样。你针对他的表现做出下列反应。

1. 在内心描述你所观察到的考官的表情或者动作，注意只是描述，不要去解读这些表情或者动作的含义。例如，如果他开始微笑了，在心中默默地对自己说他左侧或右侧的嘴角向上或者是向下移动了，而不是想着他是否喜欢我，前者是描述而后者是一种解读。

2. 想象着把考官放到一个透明的屏障后面。当你在谈话的时候想象有一个透明的、不受干扰的屏障立在你的周围，环绕着你，想象考官的任何所作所为都不能透过这个屏障影响到你。你一直待在安全区，不会被干扰到。

考试周期（备考、考试中、考试后）的"减压"策略

知识包

　　我们无法选择在生活中遇到什么样的考试，但是可以选择如何来面对考试。是让压力把我们压垮，逃离战场躲避挑战，还是找到自己的强项，激发内在动力勇往直前，完全由我们自己决定。虽然说两种选择都可以，但是不要忘记大脑的工作特点，当我们面对考试害怕、恐惧，退缩了，出于自我保护，大脑会认为考试是危险的，对我们造成了威胁。当我们再次面对考试时，这种害怕、恐惧的感觉会再次袭来，不断重复后，就愈演愈烈，到那时候再调整，难度可想而知。

　　想一想你是怎样面对考试的？你能接纳考试，把它当成是让自己成长的机会吗？我们没有办法摆脱考试，考试是生活的一部分。但不必只是按你自己原来的方式应对，或者

是完全束手无策，之前介绍的所有工具都能够帮助你更好地面对考试。这些工具非常有效，因为它们组成了一种系统模式，教会你将身体、大脑以及内心三者合为一体，因为这三者中的每一部分都参与了你的每一场考试，它们是你考试战队的三名主力。

身体、大脑、内心组成的系统模式中包含了三个方面，身体放松，大脑专注，内心自信平静，我们就达到了"最适合考试的状态或者最佳考试状态"。而在帮助我们训练达到这种状态的工具方面也有一些内在的联系。

方面	最适合考试的状态	工具
身体	放松	1. RR 训练腹式呼吸 2. 握拳式 RR 训练 3. RR 训练坐姿感受 4. 加强版握拳式 RR 训练 5. 渐进放松式 RR 训练 6. RR 训练打开视觉 7. RR 训练打开听觉

方面	最适合考试的状态	工具
大脑	专注	8. RR 式想象训练：停止走神儿 9. RR 式想象训练：倾听内心的声音 10. RR 式想象训练：完成任务 11. RR 训练：词语专注
内心	自信平静	12. RR 式想象训练：吐露秘密 13. RR 式想象训练：获得积极反馈 14. RR 式想象训练：设想小的、可以做到的行动 15. RR 式想象训练：清理大脑空间 1 16. RR 式想象训练：清理大脑空间 2

上面这些工具，我们能够看到相似的模式在以下三方面中反复出现，比如：

1. 工具 1、8、12：打破了一种旧习惯，一种脱离正轨的习惯。

2. 工具 3、9、13：改变了原来的方向。

3. 工具 6、10、14：让你重新走上正轨，以更加饱满的热情朝着目标前进。

从时间层面来说还有一个关键点那就是当下也就是此时此刻，因为每一场考试都发生在当下。这是你能够永远保持前进，以一种新的、高效的、成功的方式来向前、向前、再向前所必需的。而身体放松，大脑专注，内心自信平静同样也会帮助你保持在当下的状态。你需要做的就是反复练习，用新习惯取代旧习惯。

饮食适当

当你在为考试做准备的时候，最好能注意一下自己的饮食。保证三餐规律且健康，这会帮助你储备能量缓解压力。不要吃垃圾食品和高糖的食物，或者过量喝咖啡和茶，这些都会让你情绪不稳，甚至失控，损耗精力。当你在为考试做准备的时候，并不是开始减肥或者尝试一种新的饮食方案的好时候，你需要规律健康的饮食，这将帮助你保持平稳的备考状态。

好好休息

每一天以你能否清晰思考为标准来判断自己需要休息多长时间，要保证你拥有充足的能量。每一个人都是不一样的，包括对睡眠的需求。在学习期间也要适度休息。如果你一次性学习时间太长，效率必然会下降，很多学生有类似的感觉，晚上睡眠不足，白天上课根本听不进去，大脑完全转不动了。这种消耗很可怕，你在透支自己的精力以及健康，这样做造成的疲劳对学习以及考试的影响必然是负面的。

1. 记住有压力是好事，关键在度的把握

　　每一个参加考试的人，无论你多么有天赋，无论你之前花了多少时间准备，只要你在意考试成绩，当你真正参加考试的时候都会感觉有压力，这不一定是坏事。记住耶克斯 - 多德森定律，适度的压力会对临场发挥有帮助，这也可以称之为压力的能量。因此对于那些在备考或者考试时完全不紧张的学生来说也是有困扰的。他们会质疑自己。因为没有紧迫感，往往会导致行动力差、拖延、效率低。与之相反，适度的压力会让你兴奋起来，让你做好准备，调动你整个压力应对系统迎接考试的到来。所以不要认为自己有压力是有问题的，如果你没有感觉到压力，反而是不太适合考试的。其中的关键点是你需要通过使用工具，反复练习，一步步训练自己的压力处于适度、可控范围内，把自己的状态调整到适合考试的状态。

2. 考试之后做什么

　　在考试之后要做的事情就是告诉自己你已经完成了这个任务，现在它结束了，过去的就让它过去吧。然而很多人在考试后可能会一直重复回忆答题，想知道答案是否正确。在这个过程中你可能已经开始担心是不是有些题目答错了，但是这是没有用的，因为考试已经结束了，你不可能去修改答案。有时候会出现一些戏剧化的情况，那些以为自己答错题而沮丧的人，反而通过了考试；而一些沾沾自喜的人，成绩却不理想。原因就在于我们关于考试的记

忆通常是不准确的，不要过于相信这些记忆。还有些人喜欢和别人比较答案，这样做也并不可取，因为每个人关于考试的记忆都有很多不确定性，即使是刚刚结束的考试也是如此。如果你一定要持续关注考试，就把时间花在对这次考试终于过去的一种感激上吧！对自己的身体、大脑以及内心这个战队又一次协同作战表示感激，先对自己做到的、完成的事情表示肯定，再去总结经验，不只是走走形式，而是真正思考自己取得进步的方面，花点儿时间认真地思考一下，这样才会真正激发出感激、喜悦、鼓舞等积极情绪。不要忽略任何小的进步，这都是你努力的结果，你值得被肯定和鼓励。

为你自己做些特别的事情

看到自己的付出，给自己一些小奖赏，比如和朋友出去吃一顿大餐，给自己买个小礼物或者看电影等等。不要忽视这个步骤，先让自己轻松愉悦地休息一下。

3. 得知考试结果后做什么

当你得知考试结果后，要么庆祝要么释放。如果你考得不错或者通过了考试，就庆祝一下。如果你考得不理想或者没有通过考试，要及时调节自己的负面情绪，可以参考日常生活中的减压策略中的方法来调节情绪。等情绪缓和下来后要根据这次考试的结果做出计划，对经验和教训进行总结，无论是关于考试内容方面的还是临场发挥方面的。可以自己进行分析，也可以和老师、同学、家长一起讨论，做出可行的计划，迎接下一次考试。总结起来就是要先处理情绪再理性思考，然后采取行动。对过去的悔恨以及对将来的焦虑对下一次考试没有帮助，只会夺走我们当下的平静。记住无论发生了什么，都把它当成是一种机会，你需要去成长、去进步的机会。

第四部分

其他常见压力
的应对策略

如何应对
互联网压力

知识包

　　互联网压力主要是由数字技术造成的压力，可以叫作数字技术压力，是指由数字技术制造出来的令人崩溃以及精疲力竭的挑战。网络环境持续存在，通过便携式设备很容易获得信息以及与其他人接触，这是一把双刃剑，在方便人们生活交际的同时也带来了很多困扰。

　　一般我们可能会因为两种情况遭遇数字技术压力。一种情况是由于数字技术可以增加人与人之间不友好的、攻击性的互动或者我们被暴露在暴力内容中的风险，比如在公众面前出丑、接到恶意消息或者读了一封对某些人有敌意的邮件。另外一种情况是由于数字技术可以让我们持续保持在线，持续感受到压力和紧张感，比如管理线上的虚拟人物、账号以及担心被处理的风险。

对你来说，数字技术压力是你每天的经历。因为这已经变成了你常规社交的一部分，但你可能没有关注到数字技术压力对自己生活造成的影响。管理在网络上或者手机上花的时间可能不会每天都让人感到崩溃，而是经过一段时间，不知不觉中消耗了精力。当网络的恶意信息反复出现或者数量增多的时候，我们开始越来越无法忍受。网络欺凌或者网络受害，这两种形式的数字技术压力，可能会影响心理和身体的健康。

面对数字技术压力的另外一种情况是如何更好地使其成为日常学习生活的一部分。

你可能对网络存在矛盾感受。网络可以是刺激的，娱乐的，享受的，你可以通过它与其他人取得联系；但是它也会令人精疲力竭。你会发现登录不同的网站下载软件会花费很多时间，然而使用网络来管理日程和学习笔记又很方便。通过网络技术来制定计划会更容易，但是取消计划也更容易了。这可能让日程表变得更加混乱。最重要的是，你会感觉技术帮助你创造了更多的人际关系，比如和朋友以及家人更频繁地交谈，但是这些人际关系的总体感受是亲密性变少了。

工具箱

如果你觉察到数字技术的使用影响到了你的情绪，不要忘记书中第二部分"从你可以做的开始"中"如何调节负面情绪"内容里提到的调节负面情绪的方法和 RR 训练。

另外，应对数字技术压力，记得及时向他人求助，这些人不限于父母、朋友、法定监护人或者老师。根据实际情况，尽可能避免危险。在大家的帮助下，你可以选择直接面对造成数字技术压力的人或者和造成数字技术压力的人切断联系。你也可以直接使用数字技术解决方法来处理，比如举报骗子账号以及转载负面内容的网站等。尤其当遭遇霸凌和网暴时，一定要记得使用上述方法来应对。

如何应对
社交软件压力

你使用社交软件的时间、方式以及数量可能会引发孤独感，自尊心受到伤害以及家庭矛盾。社交软件的使用经常会导致我们不经意间把自己和其他人暴露在网上的形象以及信息进行比较。另外，我们通过社交软件来管理所有人际关系，这种努力会造成不必要的负担和精力消耗，也会对其他重要目标造成困扰，增加自身的压力。

社交软件在青少年群体中很盛行。你可能已经感觉到对社交软件的感受喜忧参半。有时候你感觉它对自己的人际关系是有帮助的，然而同时也会受到网络暴力、恶意信息以及骚扰电话的影响。社交软件也会干扰到学习、人际关系以及睡眠等。

假如你在社交软件上拥有很多追随者，要满足这些人的期待你就要保持更长时间在线，要维持你的人设，如果你已经塑造了一个人设的话，这些无疑都会给你带来更大的挑战。同样，你也可能需要在不同社交群体管理自己的形象，如足球队的朋友、合唱团的朋友、家人之间，这些势必会给你造成压力。

当社交软件主要是用来了解其他人的生活而不是表达创造性、分享自己的生活日常的时候，也会制造压力。心理学家已经发现只在网络潜水的人更容易感到不开心。网络潜水会看到事物不好的方面以及事物的负面评价。网络潜水的人经常浏览别人发的照片，会感觉其他人的生活过得更加丰富，因此会对自己的生活状态感到不满，显然也是在制造压力。

除了社交软件的内容对我们造成压力的影响外，保持长时间在线的要求也可能造成压力。理解这种压力的产生需要了解一个概念 fear of missing out 即对错过事物的恐惧，简称 FOMO。

FOMO 通常被定义为面对其他人正在拥有价值的经历时，你却不在场的担忧，会降低人的满意度。使你的自尊心受到伤害。FOMO 多发生在青少年时期，因为正处于生长发育阶段的你渴望对其他人以及社会进行探索，你想要了解别人的世界，尤其是你的同龄人。你对归属感的需求更加敏感。你想博得他人的好感，经常以此为目标。因此，你需要更多的资料来帮助巩固这样的身份，获得在自己社交世界的位置。

FOMO 是这样制造压力的，比如你的朋友或者你所在的团体注意到某些新闻以及视频，但是你却对此毫不知情。为了避免 FOMO，你可能需要持续地关注来自网络或者社交软件中的各种消息，以此来确保不错过任何机会和大家保持连接或者和同伴们保持信息同步。这种感觉像"被拴住的自我。"被拴住的自我经常从现实中分心，被期待一整天随时做出反应，一周七天，没有例外。但是很多人尽管知道被拴住是一种挑战，会造成日常焦虑，他们却不得不这样做，因为他们除非保持规律在线，否则会失去一段友谊。你可能会因为有太多信息要接收和管理，而感到压力巨大，也可能会因为没有及时查看手机错过了消息而感到悔恨。你要从现实生活中不断地分心，这本身就会制造压力。

围绕在 FOMO 周围的焦虑、担心、恐惧可以造成自我批评以及负面的自我评价，例如和朋友相比，你感觉自己知道得太少，感觉自己不太有吸引力或者生活得不如别人。

使用社交软件可能占用了现实生活中的锻炼、面对面交流甚至学习的时间，因为缺乏沟通，就更容易和家长产生矛盾。这些都会制造出压力。

工具箱　　社交软件的使用已经成为现代生活的一部分，重要的是认识到它造成压力的方式以及如何使用它来缓解压力。

社交软件为你提供了一种与人联系、表达以及放松的工具，可以让你在一个群体中产生归属感，可以提供情感支持，它可以成为一种健康应对压力的方式。

　　社交软件使用起来很方便，使用时甚至没有注意监测使用的时间、方式以及对你的情绪造成的影响，它是帮你缓解了压力还是制造了压力。因此下载一些应用程序来提醒你或者指导你，帮你进行监测，鼓励你养成健康的习惯，比如屏幕定时、锻炼提醒、情绪追踪以及专注力监测等，都是很好的选择。

　　为了更好地使用这些社交软件，让它成为你交际、学习以及缓解压力的工具而不是彻底不用或者沉溺其中。也许你需要向家人求助，比如和父母一起来制订应对这些挑战的策略，如果你愿意也可以让父母来监督或提醒你更好地管理时间。遇到了问题，和父母、朋友或者你信任的人多交流，不要独自一人面对又无能为力。

如何应对友谊以及同龄人造成的压力

知识包

在青少年时期，同龄人或者朋友变得重要，因为他们是你重要的人际关系来源。朋友可以是一种压力的来源也可以成为一种支持的来源。如何选择及管理朋友和维系友谊对你是有难度的，因为如何去找朋友，找谁来支持你、鼓励你，帮助你建立自尊自信，促进你的成长等方面，你都可能会遇到困难。你的朋友可以通过批评给你制造压力，频繁地跟你争吵造成你的心理创伤，伤害你们之间的信任感。你可能被迫投入危险或不安全的行为中，给自己造成压力。朋友之间建立友谊的挑战有时会让你感到孤独。孤独感带来的压力会影响你的心理和身体健康。

青少年的友谊会经历更多的争吵、创伤以及秘密，这些也会给你造成压力，让你更不喜欢在学校或放学后和朋友在一起，更容意去做有风险的事情，例如药物和酒精的使用。由同龄人造成的压力，甚至是这些同龄人并不是你的朋友，也会带给你焦虑或让你感到抑郁。

另外，共同孵化也是青少年中时常发生的一种现象，指的是一起来看待以及重复痛苦的经历、想法和感受。这可能包括比较谁的遭遇更差，通过这样的语言"我太蠢了！我考砸了！我永远考不上大学了！别管我会更好！"或者"你是最糟糕的！你再也不会有朋友了！"当大家一起投入共同孵化中，他们也就投入到了灾难化中。灾难化是一种认知偏差，一个人假设有一种负面经历是某种更加糟糕的事情的提示，直接跳到结论，他们感觉正在经历或者将要经历一场灾难，然而事实并非如此。当大家共同孵化时，经常不会想到去证实结论正确与否，不会彼此倾听、理解以及支持；取而代之的是大家只关注一种情况，那就是如何变得让人可怕、崩溃。通过灾难化和重复这种情况，朋友们制造出一种让问题更糟糕的感觉，实则更有压力的结果。

由于进入青春期，青少年的心理和身体会发生改变，他们在选择朋友上会出现这个阶段的特点，而与此同时由于情绪极易受到各种刺激的影响而波动，他们也会面临更大的挑战。青少年会渴求其他同龄人的喜欢，这可以导致他们投入一些有帮助的行为中去，比如学习，也会投入一些无帮助的行为中，比如喝酒。同龄人相关的压

力，经常包括不健康的行为。因为很多时候当一个朋友或者任何其他同龄人重复鼓励或者告知一个青少年去做些什么，即使这个青少年不想去做，也还是会去做。这是有别于成年人的青少年的特点，因为他们想要和同龄人表现得更加类似来得到朋友的接纳。毫无疑问，这会造成压力。

青少年也会影响彼此的身体形象，或者如何看待他们的身体。尤其在网络时代的今天，网络上的形象也会制造一种标准，那些被认为是"正常的"或者"有吸引力的"，如瘦或正常身材的标准等等，增加了青少年的压力同时也减弱了他们的自尊。

同龄人压力也包括其他风险行为，比如物质使用，包括药物、烟草和酒精。不仅会受到有压力的朋友的影响而感受到压力，青少年进行风险行为后也会感受到压力。

工具箱　　当面对压力的时候，朋友之间可以互相帮助。青少年也比较喜欢先找朋友或者同龄人来寻求帮助。

然而，朋友彼此帮助的能力差异很大。好的方法是彼此提供证实和肯定，在友谊中建立了信任感，获得了自尊，这样对自己和其他人会更有信心。反之，当朋友之间卷入到负面行为，比如批评、排斥、压迫及支配中时，就会破坏自我价值感。哪怕当朋友们的目的是好的，评判和压抑一个人也是有害的。感觉受伤和被贬低会导致冲突或攻击行为的出现。这些受害者的感受会增加其社交互动的恐惧感，打击了他们的自尊，同时增加了他们的孤独感。

　　青少年最好通过提供支持，彼此肯定并一起解决问题来进行帮助。换句话说，有用的是告诉朋友"你能够发现为什么他们会有那样的感受"以及"可能我们可以一起想出办法来应对。"当青少年之间形成互相帮助的关系时，他们不只是一起应对问题，而是在一起研究应对技能，促进共同成长。青少年可以从彼此的错误中学习到战胜压力的方法。例如，当被拒绝时，他们能够认识到深呼吸是有用的。因此，朋友之间不只是在你面对压力时互相保护，而是一起努力减少有害影响。朋友之间彼此分享想法，然后尝试了解问题原因，共同思考应对策略，这个过程叫作共同反思。

　　对于青少年来说，帮助朋友度过一段有压力的时光，最有效的方式之一是通过创造一种氛围来允许自我暴露。当大家学习到信任别人并可以真诚地分享他们的感受的时候，社会支持变得更有效。自我暴露不只出现在分享自己的问题时，也出现在让彼此及时知道他们不再想继续讨论一个问题的时候或者他们压力太大无法提供帮助的时候。

当朋友们允许彼此感受到他们"考试失利"或者被拒绝或者尴尬的时刻，这些自我暴露可以减少孤独感。

如果你发现友谊影响了你的情绪，会给你制造更多的压力，那么可以从自我调节开始。不要忘记书中第二部分"从你可以做的开始"中"如何调节负面情绪"里提到的调节负面情绪的方法和 RR 训练。这是采取行动解决问题的重要一步。然后可以综合使用本书第二部分中提到的其他技能帮助自己。

总而言之，在友谊中，有时候青少年需要有人来倾听，有时候他们想要有人来一起头脑风暴解决方法，有时候青少年需要帮助他们从痛苦或者悲伤中摆脱出来。另外，青少年可能也需要更多人的支持，如家庭成员、老师以及专业人士，这些人可以给他们提供更多的帮助。

三个小故事

故事一 婷婷和玲玲的友谊出问题了

婷婷和玲玲刚开始是同一所高中的新同学，她们把彼此当作最好的朋友，因为她们在初中时就认识了。她们经常说彼此不能分开，当时两人分在同一个班级，也都参加了合唱团，上学时一起吃午餐，周末也经常在一起。不能见面的时候，她们也会通过社交软件聊天，互相发消息，分享照片和视频，尽可能第一时间分享给对方彼此身边发生的事情。高中开始时，她们两个认识了新朋友——小芸和萌萌。后来婷婷通过小芸认识了一些田径队获奖的新朋友，其中有男孩也有女孩。

曾经很长一段时间，玲玲是婷婷最好的朋友。当婷婷因为一场有难度的考试而痛苦的时候，玲玲会陪在她身边安慰她；当婷婷表现好时，玲玲也会为她感到高兴。但是后来，她们之间的关系变得有些奇怪。玲玲不愿意再和婷婷一起吃午餐了，即使在一起她们彼此表现得也很冷漠。当婷婷发消息给她的时候，玲玲很长

时间才回复，回复的内容也只有一两个词。

当两人尝试加入同一支羽毛球队的时候，问题变得更加严重。婷婷成功入选而玲玲没有。之后，玲玲便告诉小芸和萌萌，婷婷是个自私的人，她不关心其他人，只关心她自己。因为玲玲的这些表现，婷婷刻意地表现得和小芸的朋友们更加亲近，周末也和这些朋友待在一起。婷婷想要邀请玲玲，但是玲玲总是拒绝，有时候甚至说"你不是真的想让我去"。在社交平台上，玲玲也会发布消息"猜猜为什么婷婷周围有那么多男孩"。后来，玲玲还发消息给婷婷"我甚至都不知道你是谁了。我希望你继续享受虚伪的生活"。

收到消息后婷婷大吃一惊。后来婷婷陆续听说她曾经最好的朋友到处散播她的谣言，她很伤心，觉得自己被背叛。她开始向其他好朋友吐露心事，如小芸和萌萌。听了婷婷的描述，小芸和萌萌也感到很生气。她们想和玲玲谈谈。在和玲玲谈过一次后，萌萌也开始疏远婷婷。萌萌经常和玲玲待在一起或者一起吃午餐。婷婷感觉自己的整个世界迅速崩塌了。她的友谊团体被分裂

成两个，她最好的朋友已经背叛了她，她还能相信谁？由于花费了大量的时间和精力来关注她和玲玲之间的问题，她的成绩和睡眠也都受到了很大的影响。

两人的父母开始注意到女儿们的变化。婷婷的家长非常担心她的健康。有一天，他们从学校把孩子接回来后，婷婷开始号啕大哭，但是什么也不想说。与此同时玲玲的家长也注意到他们已经很长时间没看到婷婷了。玲玲自己也不高兴，对学校也不感兴趣。

分析

如何识别霸凌行为并对其做出应对，如何维持友谊，对青少年来说并不容易，尤其在高中时期。这一阶段的青少年，开始尝试不再依赖父母，一心想要找到他们自己的归属，所以不愿意和父母说出自己的困扰。但是情绪的波动越来越剧烈，同时又缺乏识别情绪以及调节情绪的技能，青少年的友谊经常充斥着更多的争吵和不快。这个时期的友谊会给青少年带来巨大的压力。所以当自己无法解决问题的时候一定要及时寻求他人的帮助，尤其是父母、老师、医生或者我们所信任的成年人。

在这个例子中，玲玲一直霸凌婷婷，威胁她的人际关系。她散播谣言，有意把婷婷从她的生活中分割出去，因为她自己一直在恐惧和愤怒中挣扎。玲玲感觉到她们的友谊在发生变化，比如婷婷进入了羽毛球队而她没有，她认为自己和婷婷之间的友谊可能因此而结束，为此而感到担忧。愤怒经常继发于恐惧和悲伤之后。玲玲可能已经无法控制自己的情绪了。

当争吵经常出现在朋友的日常交流中，玲玲的感受是可以理解的，但这不意味着玲玲对婷婷的做法是对的。真正的朋友不会彼此霸凌或者互相攻击。

故事二　高中对小宇是如此艰难

刚上高一的时候，小宇感觉他已经成功地完成了目标。后来，他参加了篮球队，再后来所有的同学都开始为上大学做准备。小宇也是如此，他学习很努力。为了毕业后能够进入一所好大学，每天他5：30起床，去练习篮球。放学后也要练习篮球，比赛季到来之际，他更是每个周末都去练习。篮球结束之后，还要写作业和复习，所以睡得很晚。

周日晚上是小宇唯一和朋友聊天的时间，他一般会

使用社交软件聊天。小宇参加了篮球队，想要上大学，还想要和朋友聊天。这意味着他要做很多事，打篮球、写作业、发消息以及维持自己的社交。有时候这些事情可以起到互相帮助的作用，比如他和朋友们通过社交软件讨论作业或者考试，但是大多时候小宇花费在发消息、上网的时间比他预期的时间更长。比如某天晚上，在和他的好朋友志远发消息聊天的过程中，由于聊的时间过长，他却意外地睡着了，而原本需要完成的作业也没有完成，作业第二天要交，后果可想而知。

在考试前一晚，小宇常常会待到凌晨两三点，给自己留两三个小时的睡眠。有时候他虽然躺在床上，但是脑子里想着作业和考试。起床后，他吃高糖食物并喝功能饮料来给自己补充能量。有时候，为了学习或者补作业，他只能吃快餐。

小宇的这种生活方式变成了常态。熬夜和不健康的饮食习惯开始影响到他的健康：体重下降，时不时就会感冒。上课时昏昏沉沉，篮球课上表现得也不好。为了能够赶上班里的进度他需要完成大量的作业。所以，周末和朋友聊天的时间就更少了。一次，父母看到他一直在看手机，他们不断地提醒小宇放下

手机。但是，小宇坚持说他需要和朋友沟通来完成作业。

即使跟朋友沟通的确会帮助他完成作业，当他无法把控时间或者走神儿的时候也会引起问题，比如他比预期睡得更晚。他会带着手机上床，每晚睡前都会看手机。所有的这些习惯会让小宇在第二天早晨起床时感觉特别疲惫，也影响到打篮球的状态。小宇认为他总是生病、父母一直和他争吵，这些都是导致他不开心、烦躁、疲惫的原因。你认为小宇有压力吗？他应该放弃一些课程或者打篮球吗？他应该控制使用手机的时间吗？小宇应该怎么做？

分析

高中阶段的学业对青少年来说并不轻松，尤其要同时兼顾很多事情的时候。在这个例子中，小宇像很多其他青少年一样，体会到了压力，他努力来维持社交、课外活动、个人的爱好以及学校生活。

青少年时期往往是人生体验生活的重要阶段，比如要把目标定为上大学，要交到好朋友。这些都会消耗精力，或许也会给我们造成压力。尤其是青少年还处于发育阶段，不像成人有固定且清晰的身份认同。他们要在学校做得足够好，为了取得好成绩或者在学校和朋友们中成功地找到归属感，这些都可能会给他们带来压力。

所以小宇需要学习管理压力的工具和方法，学会更加高效地管理自己的时间，更好地去适应高二的生活，而不是被压力压垮。

故事三　佳明找不到自己的归属感

佳明和一群初中甚至更早就认识的朋友进入同一所高中。能和朋友们读同一所高中，刚开始的时候，他真的很兴奋。高一时，他们变得更亲密，中午一起出去吃午饭，还结交了几个新朋友。他很喜欢和这群人每天待在一起。

高二时，佳明发现自己不像以前那样喜欢这群朋友了，因为他们之间开始发生变化。参加完各种暑期活动后，这些朋友中几乎每个人都找到了一项自己擅长的技能，但是佳明并没有。更重要的是，他开始感觉自己在这个团体中与其他人格格不入，深感疲惫，他认为可能他不再适合和这些人一起活动了。这些对佳明造成了很大的困扰，在表兄的建议下他开始寻

找其他朋友。于是，他加入了围棋俱乐部和合唱团，但是他很快发现在这些团体中自己没有太多可以分享的事情。他不像合唱团的其他人那样爱看电影、爱听音乐会，除了围棋外他们也没有一起玩过其他游戏。

高三时，佳明决定去尝试加入排球队，但是他没有成功入选。整个夏天他都在独自练习，但是效果欠佳。因为学校有体育方面的要求，他又尝试参加足球队并成功入选。在那里他交到了一些朋友，感觉不错，但是关系都不是特别亲密。在校外他们从不待在一起。他也尝试了加入戏剧社，但是回家后很难过，因为这次的尝试很丢脸。社团的负责人在选拔角色的时候认为他表现得很差。他感觉自己很蠢，好像自己不擅长任何运动或者社团。他是否需要结交新朋友呢？他如何去结交新朋友呢？他属于哪里？

另一方面，佳明最初的朋友们经常一起喝酒、吸烟，做些危险行为。他觉得他们花大量的时间做些不好的事情，在谈论一些没有任何价值的事情。看到他们的做法，佳明并不想像他们一样。然而，他也没有其他朋友了。

佳明想要有一群朋友，一起去唱歌或者吃饭。他想要保持对自己真实，但是他也感觉到压力很大，有时候

他不得不选择去做不喜欢的事情。每次他向来自同龄人的压力屈服，就感觉自己更差。但是他害怕被抛弃或者失去现在的这些朋友。佳明因为很多问题而纠结：我是什么样的人？对我来说什么最重要？我擅长什么？他找不到自己的归属感。

分析

青少年时期，友谊和社交活动变得非常重要，这在界定青少年的自我定位上扮演着重要角色。青少年想要建立他们对自我的感觉，虽然这个过程并不轻松。他们经常会在友谊中尝试不同的角色，去加入多种团体只为建立一种归属感。对人际关系及自我身份的探索同时发生。青少年时期被同伴拒绝，是非常痛苦的，探索过程中容易受到打击。

我们都需要找到朋友，但是朋友并不是越多越好。有很多朋友也会让人感觉到有压力，因为需要管理更多的友谊和扮演更多的角色并且维持这些角色。我们需要从周围的人那里获得肯定，但是被拒绝也是生活中正常的一部分。我们需要从其他人那里获得一些评价或反馈，使我们能够更清晰地认知自我（知道自己是谁），但是这些也并不是要完全依靠其他人来获得。我们要通过学习识别出谁的肯定和意见是值得采纳的，将其作为压力管理的重要内容，同时也可以帮助我们建立健康的友谊，成功地找到归属感。

55检